越是在低谷，
越要好好
爱自己

［日］石上友梨　著

姚奕崴　译

青岛出版集团｜青岛出版社

SHIGOTO · NINGENKANKEI GA RAKU NI NARU
"IKIZURASA NO NEKKO" NO IYASHI KATA
Copyright © 2022 by Yuri ISHIKAMI
All rights reserved.
Illustrations by Kenta KITAHARA
First published in Japan in 2022 by Daiwashuppan, Inc., Japan.
Simplified Chinese translation rights arranged with PHP Institute, Inc.
through Copyright Agency of China Ltd.

山东省版权局著作权合同登记号　图字：15-2024-89号

图书在版编目（CIP）数据

越是在低谷，越要好好爱自己 /（日）石上友梨著；
姚奕崴译. -- 青岛：青岛出版社, 2025. -- ISBN 978
-7-5736-2908-1

Ⅰ. B848.4-49

中国国家版本馆CIP数据核字第2025JY7237号

书　　　名	YUE SHI ZAI DIGU,YUE YAO HAOHAO AI ZIJI 越是在低谷，越要好好爱自己	
著　　　者	[日] 石上友梨	
译　　　者	姚奕崴	
出版发行	青岛出版社	
社　　　址	青岛市崂山区海尔路182号（266061）	
本社网址	http://www.qdpub.com	
邮购电话	0532-68068091	
责任编辑	王婧娟	
封面设计	今亮后声·小九	
照　　　排	青岛可视文化传媒有限公司	
印　　　刷	青岛双星华信印刷有限公司	
出版日期	2025年4月第1版　2025年4月第1次印刷	
开　　　本	32开（889 mm×1194 mm）	
印　　　张	5.25	
字　　　数	87千	
书　　　号	ISBN 978-7-5736-2908-1	
定　　　价	39.00元	

编校印装质量、盗版监督服务电话：4006532017　0532-68068050
上架建议：日本·畅销·心理自助

前 言　　为陷入心理困境、处在人生低谷的自己注入能量

人们所处的生长环境各不相同，思维、性格、行为模式也千差万别。

但是，陷入心理困境的人们都有一个共同点，就是不关爱自己。他们对待自我的一些方式甚至会使自己陷入更深的心理困境。

你经常不经意间拿自己与他人比较，与理想中的自己比较，并因此自怨自艾吗？

你经常因为希望渺茫而自暴自弃吗？

你经常苛责表现不佳的自己吗？

赤裸裸地伤害自己是不关爱自己的表现，除此之外，经常自我折磨，总是充当费力不讨好的角色，做不利于健康的事情……这些行为也是不关爱自己的表现。

如果一个人从来不关爱自己，久而久之，他将在心理困境中越陷越深，无法自拔。

那么，我们怎样做才能走出心理困境，提高自我肯定感，

减轻人际关系和工作带来的负担呢？

答案就是本书即将要介绍的"自我关怀"（self-compassion）。

自我关怀表现为接纳现在的自己，关爱自己，亲近自己。

2003 年，美国心理学家克里斯廷·内夫首次提出"自我关怀"，自此这一概念迅速风靡全球。时至今日，已有多项研究证明，擅长自我关怀的人通常更加自信，拥有更高的人生满意度、幸福感、社交敏感度，具有更强的自我管理能力，看问题更加客观、全面，且不惧挑战。

因此，如今学习自我关怀已经不仅限于个人行为，越来越多的企业也将其作为企业理念与人才管理进修课的必修内容。

那么，为什么我们需要自我关怀呢？

我们总是过于追求和谐，优先考虑他人。这种想法使得我们严苛地对待自己，委屈自己，尽可能压抑情绪。

此外，随着社交平台的普及，各种资讯信息泥沙俱下。在这种纷乱复杂的环境中，我们时常会不由自主地与他人攀比。还有，在社会形势、自然灾害、人为灾害的影响下，人们的生活方式发生变化，剧变已然成为当今时代的特征。

总而言之，为了应对无处不在的压力，我们需要改变对待自己的方式。

"自我关怀"就是一种行之有效的方法。

我们提升自我关怀的能力，虽然不能消除压力本身，但是可以减少自我受到的伤害，让身心恢复如初。

我本人对此有切身感触。

下面简单介绍一下我自己。

我在大学读的是心理学专业，毕业后，在社会上工作了几年，后又考入研究生院学习临床心理学，略显曲折地成为一名临床心理咨询师。

而且，我还做了5年左右心理类岗位的公务员，之后便前往印度和尼泊尔学习冥想和瑜伽。现在，我是一名自由心理咨询师，工作内容十分广泛，包括在医疗和教育机构进行心理辅导，投稿，开展瑜伽和冥想培训，给企业授课，等等。

近十年来，我有幸为总计8 000人提供了心理咨询和辅导。我真切地感受到其中患有心理疾病或者情绪颓废低落的人，大多数都是从来不关爱自己的人。

通常，我是用认知行为疗法和图式疗法等心理疗法为客户诊治。

然而，我发现对客户使用心理疗法需要一个前提，就是客户本人要懂得关爱自己。

客户对待自己的方式会影响自身的心理状态和症状表现。如果在日常生活中，客户总是伤害自己，康复的进程就会明显延缓。

通过心理疗法来学习如何对待自己，这个过程有时会很煎熬。如果在此期间，客户不能善待自己，亲近自己，那将很难坚持下去。

其中，善待自己的方法就是"自我关怀"。

很多客户在学习自我关怀之后都反映效果显著。

- 意识到一直以来都是自己在折磨自己。
- 终于远离了伤害自己的环境，改正了陋习。
- 转变了对自己的看法，从极其厌恶到自我欣赏。
- 重建自信，对待工作积极进取。
- 和别人交谈时，不再像以前那样焦虑不安。
- 不再介意旁人的眼光，生活变得轻松惬意。

每个人都自然而然地迎来了全新的生活。

因此，本书将向陷入心理困境、处在人生低谷的人们介绍有助于提升自我关怀能力的诸多简单易行的方法（患有心理疾病的人们同样可以借鉴）。

本书主要由两部分组成。

第一部分为理论篇，讲解自我关怀的有关知识。

第二部分为方法篇，介绍实践方法，旨在帮助人们提升自我关怀的能力。

其中，实践方法分为四堂课，前三堂课分别对应自我关怀的三个要素——正念、自我友善、共通人性，第四堂课为进阶篇，介绍进阶方法。

如果生活迟迟不能苦尽甘来，那么在运用日常性方法的同时，还要运用进阶方法深挖问题的根源。（目前定期前往医院精神科或心理科就诊的读者，还有正在接受心理辅导的读者，不妨将自己要阅读本书的想法提前告知医生。向他人分享自己的计划，不仅有利于激发个人斗志，而且还能让自己更容易坚持下去。此外，医生还可以结合患者的个人症状，针对学习时机给出相应的建议。）

多学习一种方法，多关爱自己一点，你都会有所改变。

当然，改变是潜移默化的，我们不能奢求只要今天实践一下，第二天所有的问题就都会迎刃而解。

一段时间以后，当你回顾过往，一定会发出"咦，好像好多了""轻松多了"之类的感慨。因为身体不会撒谎，心灵亦如此。反言之，如果你忽视心灵，怠慢心灵，心灵就会变得愈发乖僻扭曲。

培养自我关怀的能力，会让你的内心变得更加强大，即使面对再大的压力也能保持冷静。坚韧的心灵宛如一棵参天大树，结实的枝干擎起你的人生，茂盛的树叶为你遮风挡雨。

让我们怀着温柔待己的心情开始阅读吧。

你将在不知不觉之间卸下生活的重担，品味人生的美好。

衷心希望本书能够对陷入心理困境、处在人生低谷的人们有所帮助。

石上友梨

目录

序章　你是否想过找出心理困境的根源，度过低谷？

第1章　通过自我关怀走出心理困境

第2章 走出心理困境，度过低谷的四堂课

第一堂课：关注此时此刻的自己（正念）

第二堂课：善待自己（自我友善）

第三堂课：感知自己与他人的联结（共通人性）

第四堂课：自我关怀的进阶方法

你是否想过找出心理困境的根源，度过低谷？

诸多心理困境的根源

- 整天浑浑噩噩。

- 时不时感到一阵空虚。

- 总觉得身体不太舒服。

- 总是维系不好人际关系。

- 搞不清楚自己是什么心情。

- 想要找个地方躲起来。

- 根本看不到实现理想的希望。

你是否也在遭遇类似的心理困境呢?

无论身处何种环境,站在何种立场,无关年龄、性别、地域、行业、经济条件、家庭背景、人际关系,不计其数的人都深陷难以名状的心理困境。

这些陷入心理困境之人的共同之处就是不会关爱自己。

更严重的是,有的人可能从来都没想过要关爱自己,也不懂得怎样关爱自己。

不会关爱自己的原因有很多，比如，有的人从小到大都没有体会过被关爱的滋味，有的人得到过他人的关爱却毫不自知，有的人则直接拒绝了来自他人的关爱。

还有一些人，在"必须优先考虑他人"的环境中养成了隐忍退让的习惯。

如果一个人鲜有机会感受来自他人的关爱，那么他必然也不清楚怎样关爱自己。

我们每个人都面临着诸多心理困境。

只有关爱自己，才能走出心理困境。

这是为什么呢？在解答这个问题之前，我们先来剖析一下"心理困境"这个词语。

何为心理困境？

诸事不顺之感、若有所失之感、空虚之感、想要逃避之感、想要躲藏之感……心理困境就是这些说不清道不明的朦胧的感觉。

那么，这些困苦的感觉从何而来呢？

我们始终非常在意旁人的眼光，无论这眼光是善意的还是恶意的。

　　许多时候，我们在做一件事之前，都会琢磨这样做别人会怎么看。

　　当然，时移世易，人们的想法也在逐渐发生变化，一些人开始崇尚"走自己的路，让别人说去吧"，但不可否认的是，"在意旁人的眼光"这种思维习惯依然深深印刻在人们的心中。

　　我们从小受到的教育就是出门在外要守规矩，要合群，要学会察言观色，不要任性地宣泄情绪。

　　人的生长环境塑造了自身的价值观，而人在人际交往的过程中或者在集体中，一言一行又以价值观为准绳。

　　因此，在生长环境、价值观的双重影响下，我们更加忽视自己的立场，渐渐养成优先考虑他人的习惯。

　　对于集体生活而言，和谐自然十分重要，但是我们也要关注自己有没有过度在意旁人的眼光，是不是一味地替他人着想。

　　一个对自己漠不关心、不懂得活出自我的人步入社会后将会有怎样的遭遇呢？

　　我们小时候常常被灌输这样一种观念——做一个让大人

满意的好孩子，做一个合群、听话的好孩子。久而久之，别人的看法和态度便成为我们的行为标准。

然而，随着我们长大成人开始独当一面，社会却要求我们独立思考，不要在意旁人的看法——自己想想应该做什么，想成为什么样的人。

如果我们没有自我意识，势必会感到手足无措。一直以来，我们都在四处寻觅让他人满意的答案，却从不知道如何探索自己内心的答案。这种无视内心想法、全无个人立场的状态就是导致心理困境的根源之一。

接下来，让我们看一看还有哪些导致心理困境的因素吧。

根源 ❶
与生俱来的特性和气质

与生俱来的特性是导致心理困境所不可忽视的一个因素。

大家听说过"发展障碍"这个名词吗？所谓发展障碍，是指患者在某些方面颇具天赋，但是在另外一些方面，生长发育却非常不健全。根据大脑天生的特性，可将发展障碍划分为自闭症谱系障碍、注意缺陷与多动障碍、学习障碍等。发展障碍的诊断取决于某些特性的强弱程度以及对生活的影响程度。

经常健忘、犯错，不擅长与人打交道，不会察言观色……许多人因为这些表现而怀疑自己患有发展障碍，所以前来接受心理辅导。

患有发展障碍的人有很多特征，比如，经常因为人际关系和沟通交流不畅而麻烦缠身，难以通过外在表现体察旁人的情绪，兴趣爱好狭隘，有一些固执的偏好，经常走神儿，容易冲动，对声音异常敏感，手指不灵活，等等。

另外，还有一些特性虽然尚未成为发展障碍的诊断标准，但是在前来接受心理辅导的发展障碍患者身上确实存在，比如，看问题非黑即白，自我界限模糊，不易感知自身情绪，等等。

这些特性本身绝非坏事，但是在日常生活中，这些特性确实容易引发诸多问题。

较为理想的情况是了解自身特性，然后灵活运用，扬长避短，保持轻松的生活状态。

可是，现实中这些与生俱来的特性往往会成为自我否定、妄自菲薄等心理困境的根源。

因为自身的特性，有些人屡遭失败，有些人被过度训斥，有些人处理不好人际关系。结果，一个人在自我否定、自我厌恶的时候，根本无心思考如何灵活运用特性。

手指不灵活，做不好协调动作，这对人幼年时期自信心和人际关系的建立影响尤为严重。

所谓协调动作，是指能够同时进行两个及以上不同的动作，相关运动有跳绳、单杠等。

想必有人小时候上保育园、幼儿园的时候，因为运动能力差或动手能力差而在小朋友们的面前出过丑吧？上学以后，学习能力、记忆力、解决问题的效率等特性都会对自信心和人际关系的建立造成很大影响。步入青春期后，这些特性则会进一步影响人的社交能力、待人接物的方式等方面。

这些与生俱来的特性与心理困境息息相关。

我们要客观地看待自身所拥有的特性，不要用"好坏"给特性定性。

是灵活运用特性还是加深心理困境，我们可以自己决定。这需要我们深入了解自我，接受特性，改变看待特性的方式。

根源 ❷
儿时形成的价值观

当在生活中遇到一些状况时，我们会基于自己的价值观做出判断并采取行动。价值观的形成源自儿时经验的积累，也就是看待一个又一个问题的方式，从一件又一件事情里学到的东西。

你听说过"依恋障碍"和"小大人症候群"吗？

"依恋障碍"是指个体在儿时因为多种原因未能与监护人建立正常的依恋关系（在情绪层面与特定照顾者形成的亲密关系），长大成人后在情绪、社交等方面出现问题的一种症状。

"小大人症候群"不是医学术语，原本特指在父母有酒精依赖症的家庭中长大的人，现在泛指儿时在与监护人相处的过程中受到创伤的人。

当然，家庭环境只是价值观形成的因素之一。

即使生活在一个温馨和睦的家庭里，孩子也可能会因为不适应学校集体生活而有一些痛苦的体验。

孩子基本上只生活在学校和家庭这两个圈子里，其中一个圈子或者两个圈子里都有的糟糕的生活体验，会对包括价值观在内的诸多方面造成影响。

成年人受外界环境的影响则比较小，因为成年人的社交圈子更加广泛，有工作圈、家庭圈、读书时的同窗好友圈、志趣相投的朋友圈等，即便其中某个圈子出现问题，他们还可以求诸其他圈子。

一个安全而充满关爱的环境对孩子而言本来就至关重要。

内心真切地感受到被人认可、被人关爱等无条件的肯定，是一个人身心成长和发展的基础。

成年人对自己的认识、对他人的认识、对世界的认识等价值观可谓千差万别，而每一种价值观都和他们儿时所处的环境以及生活经历息息相关。

- 我从来没有得到过关爱。
- 我是一个有缺陷的人。
- 我只有做到完美才能被认可。
- 没有一个人懂我。
- 我必须克制自己的情绪。

- 反正最后都要靠自己。

- 谁都不可信。

- 这个世界真是太可怕了。

　　具有这些价值观的人在生活中往往会选择性地忽视自我。忽视自我不只是简单粗暴地伤害自己，很多时候指的是消极地对待自己。

　　比如：做出有损自身利益的决定；习惯于建立让自己受到伤害的人际关系；忍气吞声，即使是合理的自我主张也从不表达；苛求自己，不信任他人；制订超过身心承受能力的目标；做出不惜损害自己身体健康的行为；等等。

　　所谓损害身体健康的行为，是指有吸烟、饮酒等嗜好，存在经常食用垃圾食品等营养不均衡的饮食习惯，从事危险性高的体育活动，等等。

　　上述这些思想观念和行为方式很可能是使你陷入心理困境的元凶。

　　每个人对于价值观都已经习以为常，很少有人会怀疑自己的价值观。

　　因此，我们根本意识不到价值观竟然能成为心理困境的根源。

这种心理困境源于种种机缘巧合，既不怪你自己，也不怪特定的某个人。

不过，长此以往，这种状态将会影响我们的整个人生，为此，我们一定要疗愈心理困境的根源。

环境变化也会引发心理困境

人有着与生俱来的特性，还有自己的价值观。

人还会经历升学、就业、调岗、升迁、搬家、结婚、离婚以及其他各种环境和境遇的变化。这些外界因素有时与我们天生的特性和价值观相吻合，有时则存在矛盾。

总而言之，周遭环境的变化可能会让我们一直以来视为优势的特性、习以为常的价值观在某一天忽然变得难以为继。

比如说，某人善于察言观色，总是能够准确领会上司的意图，但是当他晋升以后，岗位所需的能力变成了领导能力和主观能动性，这让他手足无措。

某人原本置身于一个重视技术、注重低调办事的环境中，但是换工作之后，他来到了一家强调团队沟通的公司，这时他俨然成为一个不谙报告、联络、商谈等企业文化的难以相处的人。

某人此前遇到难题或烦恼时，都会立即找到附近的朋友，用闲聊的方式排遣心中的不快。然而，由于家里人工作调动，他不得不背井离乡，去往远方，身边再也找不到相熟的朋友，他和家里人又话不投机，心情也因此变得闷闷不乐。

可见，环境和个人境遇的改变常常会引发许多问题，例如，以往是优势的特性沦为弱点，价值观不适应新的现实情况，工作和生活遭遇诸多不顺，等等。

而且，许多人还会因为无法融入职场、无人分担内心的苦闷、得不到旁人的认可而产生与世隔绝的感觉。

与世隔绝的感觉会加重孤独感，让生活愈发痛苦。

以前的行为习惯行不通了，还会带来失落感。

强烈的孤独感、失落感会让人更加依赖某些事物，例如，烟酒、消费、社交平台、感情生活。

但是，"吃喝玩乐"只能暂时缓解孤独感和失落感，无法使人从中获得精神上的满足感（人与人之间心灵交流的感觉），不能从根本上疗愈孤独，而事后怅然若失的感觉还会驱使人进一步追求"吃喝玩乐"。人对"吃喝玩乐"产生依赖，陷入这些事物的刺激而不能自拔，只会催生新的痛苦。

那么，我们应该怎样应对这样的心理困境呢？

对于心理困境的根源，我们不要强行清除它们，而是要疗愈它们。

我们要保留心理困境的根源，通过疗愈它们，让心灵之树生长得枝繁叶茂。

每个人面临的生活环境和心理困境都各不相同。即使以往的生活顺风顺水，在环境变化和压力的双重影响下，心灵之树也难保不会颓然倒地。

正深陷心理困境的人在环境变化和压力面前必然显得有心无力。

根部因为疾病而松动摇晃，心灵之树就无法抵挡疾风骤雨。根部营养不良，心灵之树就熬不过漫长的雨季或旱季。根部孱弱不堪，心灵之树就挡不住虫蚁霉菌的侵袭。

那么，我们该怎么做呢？

答案就是关爱自己，即自我关怀。

心灵之树可以重新培育。

重新培育心灵之树，需要我们坦诚面对心灵，悉心呵护心灵。浇水施肥，定期除草，将心灵之树移植到阳光灿烂的地方，认真观察它的变化，为它修枝剪叶。

一棵从根部开始就被精心呵护的树，将会长出粗壮的树干和茂密的枝叶，开出娇艳的花朵。

只要我们用心关爱自己，无论何时都可以重新培育心灵之树。

让我们共同疗愈心理困境的根源，呵护心灵之树茁壮成长吧。

第 **1** 章

通过自我关怀
走出心理困境

我们该如何走出心理困境？

想要疗愈心理困境的根源，从心理困境中解放出来，关爱自己非常重要。

2003 年，美国心理学家克里斯廷·内夫首次提出"自我关怀"（self-compassion），自此这一概念迅速风靡全球。

其中，Compassion 指的是敏锐察觉自己和他人的痛苦，并且竭尽全力地缓解、消除痛苦，多译为"关怀"。

Compassion 的词源是拉丁语中的 com（共同）和 pati（承受痛苦），因此，Compassion 包含"共同受苦"这一含义。

但是，自我关怀、体悟自己的痛苦之类的说法常常让咨询者迷惑不解，于是我习惯于把 self-compassion 解释为"关爱自己"。

"关爱自己"就是把自己看成一位拥有体谅之心的挚友，无论痛苦还是欢乐，这位挚友都对我们不离不弃。

可能有人担心"关爱自己，纵容自己，会让自己变得好吃懒做"，不得不说这种想法是错误的。

看不到自身的不足之处，放任自己不做出任何改变，才是"纵容自己，好吃懒做"，这有别于自我关爱。

克里斯廷·内夫认为，关怀具有阴阳两面性。

阴包括认可自己、让自己平静、让自己安心的行为。这些行为都具有关怀的含义。阳包括保护自己、挑战自己的行为。比如：当别人提出无理要求时，我们断然拒绝；当危险来临时，我们抽身而退或是英勇应战；当我们找到需要实现的目标时，激励自己奋起挑战。

这些关爱自己的行为和纵容自己的行为具有本质区别。

你是不是也担心关爱自己会让自己变成一个自私自利的人呢？

人绝对不会因为关爱自己、活出自我而变得自私自利。相反，如果为他人而活，则容易被他人和社会所左右，难以适应环境的变化，使内心变得焦虑不安。

只有认可自己，活出自我，才能让自己有定力应对变幻莫测的时代和环境。

一个不会关爱自己的人，自然也不会关爱他人。

只有学会关爱自己，才会尊重他人的价值观和思维方式，从而发展更广泛的人际关系。

关爱自己的三个要素

自我关怀，也就是关爱自己，包含三个要素。
它们分别是：

1 正念
2 自我友善
3 共通人性

"正念"指的是不要在意过去和未来，把意识集中到此时此刻的自己身上。

"自我友善"指的是要温柔友善地对待自己。

"共通人性"指的是要意识到，从内在感受而言，全人类都是相同的，要看到自己和他人的联结。

这三个要素听起来可能有些晦涩难懂，本书为了便于读者理解，分别将"正念""自我友善""共通人性"称为"关注此时此刻的自己""善待自己""感知自己与他人的联结"。

❶ 关注此时此刻的自己（正念）

所谓正念，就是关注并如实接受眼前这一刻的体验。

我们无法挽回过去的失败，也无法打消对未来的担忧，能够改变的唯有此时此刻。

当某一个念头在脑海中挥之不去时，我们的思绪就会徘徊在过去或未来。将意识拉回到现实，客观地看待眼前的事物，事实就是事实，既不要与他人比较，也不要自我批判。

❷ 善待自己（自我友善）

所谓自我友善，就是亲切友善地对待自己，无条件接受自己。

我们通常对他人很友善，而容易批评自己，对自己十分苛刻。我们应该像对待一位举足轻重的人物那样友善地对待自己。

而且，关爱自己要付诸行动。行动时，不要只图一时之快，要让行为符合我们的长远利益。

❸ 感知自己与他人的联结（共通人性）

所谓共通人性，就是发现自己与他人的共同之处，感知自己与他人的联结。

尽管人的性格各异，但是每个人内心深处的烦恼和痛苦是相通的。

世事无常，人生总有艰辛和痛苦相伴。

学会直面苦难，把每一次苦难都看作是一次感知自己与他人联结的机会，我们心中与世隔绝的感觉便会有所变化。

自我关怀的三个要素

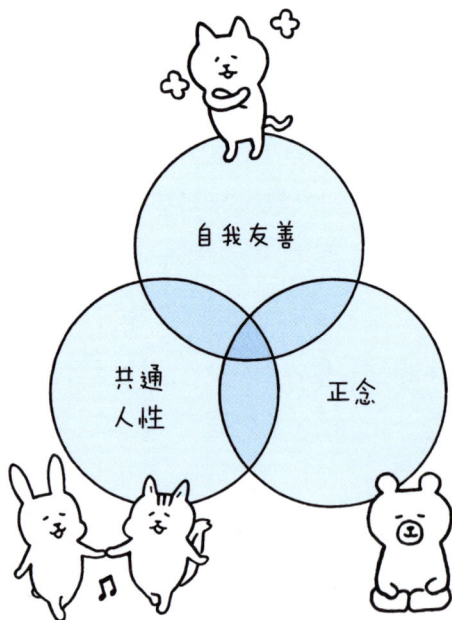

以上就是自我关怀的三个要素。

在克里斯廷·内夫看来，正念包含在自我关怀之中，没有正念，自我关怀也无从谈起。

因为关注此时此刻的自己之后，我们才能接纳自己并与自己的心灵沟通。

如果只关注自己的优势和劣势等部分信息，那么即使我们友善地接纳了自己，也无法疗愈心理困境的根源。

而且，当我们害怕面对他人时，我们只有先友善地接纳自己，才能有勇气面对他人。

正念和自我关怀就好比是一枚硬币的正反两面，相互补充，构成统一的整体。

关爱自己的顺序

想要关爱自己，疗愈心理困境的根源，就要按照一定的顺序实践上一节介绍的三个要素。

实践顺序如下。

❶ 关注此时此刻的自己（正念）

❷ 善待自己（自我友善）

❸ 感知自己与他人的联结（共通人性）

首先是关注自己，接纳自己，然后是友善地对待自己，进而推己及人，友善地对待他人。

❶ 关注此时此刻的自己（正念）

在尝试一些新鲜事物之前，比如关爱自己，我们需要充分了解自己目前的状态。

这是因为如果我们不了解自己目前的状态，改变就无从谈起。

为了走出困境，我们必须先把目光锁定在困境本身。

想要意识到自己目前的状态，需要先关注身体的感觉。

我们需要学习通过身体的感觉来推断此刻的情绪，例如，心脏怦怦跳动说明现在很紧张，肩膀松弛说明现在很放松。

只有客观地认识自己的情绪，才能不被情绪掌控，从而了解自己陷入了怎样的负螺旋状态，知晓自己需要什么，应该采取哪些行动。

拒不接纳或是排斥令自己反感、不悦的情绪，反而会让这些情绪久久无法消解。

任何情绪和感觉终将随风而去。通过正念练习，学着坦然接纳情绪，与各种情绪和睦相处，这样的心态可以使我们免受情绪的影响，保持内心的安定平和。

❷ 善待自己（自我友善）

关爱自己的时候，要确保身体处于放松状态。

紧绷的身体会加剧紧张和焦虑情绪，让我们无暇善待自己和他人，从而更容易倒向事物的阴暗面，误解他人对我们的善意。

❸ 感知自己与他人的联结（共通人性）

在与他人建立亲密的关系之前，我们首先要和自己建立亲密的关系。善待自己，亲近自己，保持情绪稳定，保持怡然自得的心境。

如果我们在独处的时候做不到怡然自得，那么有他人陪伴时，我们也无法静下心来。

当我们怀着一颗焦躁不安的心与他人交往时，由于缺乏清晰的自我认知，我们很容易会被他人所左右，让自己受到伤害。只有善待自我，让内心保持安定平和，我们才会自然而然地想要了解他人，与他人分享喜悦和幸福。而且，我们的自信心和幸福感也会因此不断增强，让我们变得勇于挑战。

当然，我们并不会满足于怡然自得的状态。

美国心理学家 A.H. 马斯洛曾说，人有与他人建立联系的需要。

马斯洛的需要层次论认为，人的需要按层次逐级递增，前一层次的需要得到满足之后，人便会寻找高一层次的需要。

第一层次是"生理的需要"，指睡眠、饮食等维系生存所需的本能需要。

第二层次是"安全的需要"，与安心感、安全感相关。在安全的环境中生活，善待自我，实现内心的平静，就可以满足安全的需要。

接下来的第三层次和第四层次分别是"归属与爱的需要"和"尊重的需要"。"归属与爱的需要"指的是渴望与他人、社会建立联系，渴望拥有集体归属感，渴望爱与被爱等需要，"尊重的需要"指的是渴望得到自己和他人认可的需要。

通过感知自己与他人的联结，获得自己和他人的认可，上述需要就可以得到满足。

在上述需要得到满足以后，就到了最高层次的"自我实现的需要"，也就是渴望实现梦想，在生活中活出真实的自我等需要。

然而，在我接触过大量咨询者之后，我发现"自我实现"这个词语已经深入人心，很多人低层次的需要尚未得到满足，就迫不及待地呐喊着"（必须）自我实现"。实际上，这种表现并不是来自"自我实现的需要"，而是来自"尊重的需要"和"归属与爱的需要"。

马斯洛的需要层次论

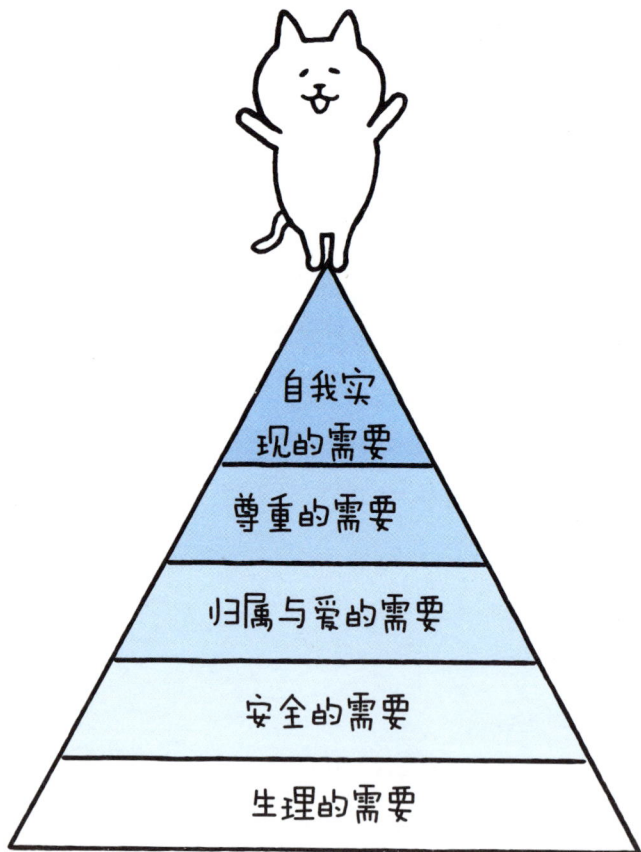

自我实
现的需要

尊重的需要

归属与爱的需要

安全的需要

生理的需要

因此，如果你想真正实现梦想，活出真实的自我，那么首先要获得安心感、安全感，与他人和社会建立联系，获得认可。

此外，心理分析师 H. 科胡特也指出了归属感的重要性。

所谓"归属感的重要性"，即觉得自己归属于某个地方的归属感是健全的心灵所不可或缺的。缺乏归属感，产生自己与他人相互割裂的感觉，是造成心理疾病的主要原因。

这些著名学者都非常重视与人联结的感觉。

换言之，自我关怀的三个要素缺一不可。

上面介绍的是关爱自己的顺序。

然而，有些时候，我们否定自我的感觉会格外强烈，无论如何也无法善待自己。这时，我们要从善待他人做起。

无论是我们关爱自己，还是我们关爱他人，或是他人关爱我们，都能激活大脑当中的同一个部位。

而且，强化其中一种能力，也会带动其他能力获得提升。当你遇到挫折或是产生较强的抵触心理的时候，不如先从最简单的地方入手吧。

关爱自己有哪些效果？

人们围绕关爱自己（自我关怀）的方法开展了广泛的研究，下面就是它产生的已经得到证实的效果。

控制情绪／清心安神／变得勇于挑战／提升从失败中不断成长的能力／增强自我效能感，增强自信心／促进良性沟通／增强抗压能力／缓解焦虑、抑郁情绪／学会包容他人的过错／减轻压力／提高社交能力／调整身体状态／增强自我肯定感／激发斗志／提升幸福感

接下来，我将介绍四则真实案例，这些案例中的主人公都学会了关爱自己并且真切感受到了上述效果。

从不越雷池半步的好孩子A女士（公司职员，20来岁）

A女士生活在一个父母极其强势的家庭，她自幼对父母百依百顺，从来不表达自己的意见，是一位实打实的"好

孩子"。

从小到大，无论是在家里还是在学校，她都竭尽全力做正确的事情，追求尽善尽美，但凡稍有闪失，她都会埋怨自己，憎恨自己。

无论是学习、备考，还是找工作，她对父母和老师永远都是言听计从，最后进入父母推荐的一家大公司工作。本着"新人就该有新人的样子"的原则，她孜孜不倦地工作，对于上司指派的工作不分好坏一律照单全收，面对超出自身能力的事情也会力争做出成绩。

当如此一丝不苟的A女士看到同年入职的同事投机取巧却把工作干得无可挑剔而备受上司青睐时，A女士焦虑的心情可想而知。但是，她仍偏执地认为应当和同年入职的同事搞好关系，于是她强压着内心的矛盾心理，和同事保持着友好往来。

就这样，A女士坚持了整整一年，第二年由于人事变动，曾经事无巨细的上司调走了，新任上司崇尚无为而治，下达的指示都很宽泛。结果，每当A女士听到这位上司说"你自己想办法吧"的时候，她都会不知所措，大脑一片空白。

A女士从上司的表情里也看不出什么名堂，更无从知晓上司的真正意图。她为此无比焦虑，每个工作日的晚上以及第二天要上班的周日晚上，她都辗转反侧，难以入眠。

没过多久，她对上班越来越提不起精神，出门前赖在玄关一动都不想动，工作期间也时常犯困发呆，小错误不断。

A女士意识到这样下去不是办法，于是前来接受心理辅导。

对于话里话外都在责备自己、逼迫自己实现事事完美的A女士，我采取的方法是用温柔的话语劝导她接纳现在的自己。

"你已经做得足够好了""现在的状态已经很棒了"——当A女士听到这些饱含关切的话语时，竟不禁掉下了眼泪。这些话语她期盼已久，但从来没有人对她说过。

随着辅导的深入，A女士不再迎合外人的期望，开始关注内心的呼唤。她也不再为了追求完美而牺牲时间和精力，而是量力而行，及时肯定自己取得的每一点成绩。她在工作上的焦虑情绪得到了缓解，面对上司也敢于表达自己的想法。当上司采纳她的想法之后，她也变得更加自信。今后她打算继续坚持自我关怀训练，直到自己成为一个真正充满自信的人。

逃避挑战的B男士（技术员，30来岁）

B男士生来就是一个肢体不灵巧、不擅长运动的人，小学、中学时的手工课、绘画课、体育课简直就是他的噩梦。从小到大，他在体育运动、手工活方面可谓一塌糊涂。

他也欠缺沟通能力，时常有人指出他说话含糊不清，因此他觉得自己一无是处。其实，他的学习能力并不差，但是他偏执地认为"百无一用是书生"，所以他从来没有因为自己学习好而建立过自信。

读书期间，B男士竭尽所能地逃避可能会遭遇的失败，总是独自一人低调地学习，生活。他按照自己的节奏刻苦学习，最终在某个专业领域得到了梦寐以求的工作。上司给他的评价也是工作兢兢业业。

有一天，上司询问B男士想不想参与一项实验，这项实验的所属领域是B男士一直非常感兴趣的领域，而且这也有助于他实现晋升。

B男士有些心动，可是他又为此感到非常焦虑："搞砸了怎么办？我肯定干不好。"于是他拒绝了上司的提议。上司被拒绝时的失望表情始终在B男士的脑海中挥之不去，这件事成了 B 男士的一块心病。之后，和那位上司相处时，他总觉得心里别扭，不敢和对方打照面，也因此更加厌恶自己，觉得自己真是烂泥扶不上墙。

偶然的一次机会，爱好读书的 B 男士在图书馆看到了一本介绍自我关怀的书，心想这个方法可能会对自己有所帮助，于是前来接受心理辅导。

首先值得肯定的是，B 男士能够客观看待自己现在的状况。因此，他才会选择逃避焦虑情绪，但是逃避又引发了新的焦虑，形成恶性循环。他要做的是用温柔的话语安抚内心，一边分析自己的兴趣爱好、发展方向和所需要的行动，一边践行相应的方法。

B 男士变得渐渐能够直面自我，不再像以前那样畏惧失败了。他树立了"失败并不可怕，要吃一堑，长一智"的观念，并且下定决心挑战上司之前推荐他参与的实验。他对上司坦言："当时放弃是因为缺乏自信。"上司也和蔼地鼓励他说："勇于挑战比结果更重要。"

B 男士看到了自己过去的成绩和努力，意识到自己其实是一个颇有能力的人。"今后我还会逐步挑战自己感兴趣的事情"，他的话语里洋溢着对工作的热情。

难以建立长久人际关系的 C 女士（设计师，40 来岁）

因为父母频繁调动工作，C 女士小时候经常转学。上学的时候她还不以为意，可是步入社会以后，她发现自己不能建立稳定的人际关系，这让她十分苦恼。无论是爱情还是友情，都转瞬即逝。

朋友也好，恋人也罢，刚开始接触的时候，她都是满怀期待，希望对方能够理解自己，可是当她发现事与愿违的时候，便会失望地疏远对方——就这样不断地重蹈覆辙。她经常因为对方的言行而暴躁焦虑，情绪变化像坐过山车似的，这令她身心俱疲。

由于父母成天催婚，她也不想回家。她在自己身上找不到值得欣赏的地方，某些瞬间她会因为自己终日碌碌无为而掉眼泪。为了排遣负面情绪，她大肆购物，吃甜食，饮酒……

可是，她心里依然空荡荡的。

过了一段时间，C 女士通过交友软件认识了一位比自己稍稍年长的男士。

C 女士觉得这位男士不同于以往交往的对象，自己对他的感情虽然还没有那么深，但是和他在一起的时候觉得心里很踏实。

然而好景不长，同样的剧情再度上演。因为对方的只言片语和一些细微的举动，C女士又开始不由自主地产生焦虑和猜忌的心理。

C女士为自己又一次跌倒在同一个地方而悲伤不已，她迫切渴望逃离这个恶性循环，于是前来接受心理辅导。

自我肯定感低的C女士在践行表扬自己的方法时，学会了用日常生活中的点滴进步来表扬自己。

通过学习如何分辨人与人之间的关系，C女士发现原来有这么多人在默默支持着自己，原本无依无靠的感觉有所缓解。通过学习如何发现自己对他人的关心以及他人对自己的关心，她意识到对方每时每刻都陪伴着自己其实就是关心自己的表现，她自己也明白了向对方回馈关爱之心的重要性。

C女士拥有了宁静平和的心境，与恋人的争吵减少了，恋情也更稳定了，而她也通过兴趣爱好结识了更多的朋友。

最近，她已经戒掉了购物欲和经常吃甜食的习惯，感觉自己的抗压能力更强了。C女士仍在坚持实践自我关怀的方法，她爱上了这种从细微之处体味幸福的生活。

经常感觉自己与世隔绝的D男士（管理岗位，50来岁）

D男士是一个对待自己和他人都非常严格的人。尤其是在工作中，他始终通过严格约束自己和他人的方式来获取成果。他不喜欢被人评头论足，也害怕别人说他能力不足，因此他总是摆出一副高高在上的做派，试图掌握主导权。

由于他习惯性地自吹自擂，否定他人，所以他和同事、下属都处不好关系，在职场里，他感觉自己仿佛与世隔绝了。

在家里，他和妻子、孩子的关系都很好，但是他从不参加大家庭的聚会，因而和亲戚们都很疏远。他年轻的时候精力充沛，晚下班啊，在休息日加班啊，这些工作方面的事情都不在话下。但是，近来不知道是不是因为酒喝多了，他总觉得身体不太舒服。无论是在家里还是在单位，他都感觉孤苦无依，如今连身体都江河日下，更感觉人生虚无缥缈。他在单位的一次研修活动中了解到自我关怀，于是抱着试一试的心态前来接受心理辅导。

D男士通过实践正念的方法，学习观察身体的变化和感觉，变得逐渐能够客观地审视自己，慢慢摆脱情绪和身体不适对自己的干扰。

在感受呼吸的方法中，他了解到心情平静时的身体感觉。他意识到自己的身体十分疲惫，并且为此前过于严苛地要求自己而懊悔——他一直用埋头工作来掩饰身体上的问题。

随着心理辅导的深入，D男士渐渐萌生了畅所欲言的兴致，愿意和下属、家人分享自己喜爱的事物和愉快的经历。

下属笑着对D男士说："部长您像变了一个人似的。"下属主动找D男士聊天的次数变多了，对D男士也更加信赖。而对待下属和别人的过错，D男士也变得比以前更加宽容。

他学会了如何妥善地控制和处理情绪，他会在怒气达到顶峰之前去别处冷静一下，或是做一做深呼吸。

当然，他不可能在下属和家人面前时时刻刻都保持温和的态度。但是，他也学会了善待这样的自己，如果自己做得有些过分，他会坦诚地道歉，以维持融洽的关系。

通过坚持实践自我关怀的方法，D男士的身体状态蒸蒸日上，体检结果也很不错。他和同事、家人的交流也越来越多，与世隔绝的感觉消失得无影无踪。

上面就是学习自我关怀的四个人的故事。

虽然这四个人遭遇心理困境的根源各不相同，但是他们都有一个共同点，就是不会关爱自己。

认真践行自我关怀的方法之后，这四个人渐渐摆脱了心理困境，生活中的痛苦和烦恼也随之越来越少。

自我关怀能让你慢慢走出生活的困境。希望你能有条不紊地将自我关怀纳入日常生活。

关爱自己的科学依据

虽然我们已经了解了关爱自己（自我关怀）的效果，但仍然免不了会有这种想法：是不是只有严格要求自己才能发挥作用？

众所周知，习惯于自我批评的人容易患抑郁症。长期严厉地批评自己，会给身体和心灵造成巨大的负担。

人脑中有一个叫作杏仁核的脑部组织，人在感受到压力（过重的负担和危机感）的时候，杏仁核就会刺激肾上腺素和皮质醇等荷尔蒙的分泌，激活交感神经和副交感神经，增强焦虑和紧张的情绪。

对于哺乳类动物来说，这是一种保护自身免遭危险的本能，在这种机制的作用下，动物会做出与来犯之敌搏斗或是逃跑、装死等各种反应。

然而，现代人类极少遇到被猛兽袭击之类的危险。我们感受到的大部分压力基本上来自自己脑海中的想法。

比如，误解他人的言行：他可能讨厌我，他对我这个人有看法。或者是妄自菲薄：我这个人真没用，活着没有一点意义。总之，基本是脑袋里的胡思乱想，而非真实存在的威胁。

不过，我们所具备的机制会把脑袋里的这种想象当作实际存在的危险而过度运转，驱动身心做出反应。

如果我们学会关爱自己，那么即使面对压力，我们也不会因为保护自身免遭危险而采取过激的反应（应激反应），可以让身心保持平衡状态。

我们关爱自己的效果与别人关爱我们的效果一样，都可以刺激催产素的分泌。

催产素被誉为"幸福荷尔蒙"，可以带来诸多积极变化，例如，减轻焦虑和恐惧心理，清心安神，激发幸福感，缓解压力，对他人更加信任和友善，渴望建立亲密关系，等等。

催产素的分泌还可以让人的情绪获得满足，使人际关系得到改善。

想要实现这些效果，关键在于日常性地关爱自己。

无论年龄大小，我们的大脑和身体都有足够的能力改变自己。

也就是说，<u>心理困境不会伴随我们一生，我们能够靠自己的力量改变它。</u>

但是，只有日复一日，坚持不懈，才能有所成效。

就像植物每天都需要水和阳光一样，我们也要把"关爱自己"当作日常生活的一部分，为心理困境的根源注入养分。

第 2 章

走出心理困境，度过低谷的四堂课

第一堂课：
关注此时此刻的自己（正念）

所谓正念，就是关注此时此刻的自己。

在采取关爱自己的行动之前，我们需要先了解自己的行为模式。因为如果我们不能通过自己每天的所思所想、行为习惯来观察自己有没有漫不经心地对待生活，就无从知晓自己要改变什么，怎样改变。

着眼于"此时此刻"，关注自己的情绪和身体状态，坦然接受自己的感受。只有坦然接受现状，才能做出真正的改变。（所谓坦然接受，就是如实接受事实，不和他人比较，也不做是非评判。）

想要感知自己是否被关爱，就需要把注意力集中到"身体内部的感觉"上面。

"身体内部的感觉"指的是生理机能的状态或内脏的感觉。例如，此时此刻呼吸如何，有无痛感或不适，体温高低，心率快慢，肠胃蠕动情况，等等。

这些感觉会影响我们对自我的感知以及对环境、他人的看法。

比如说，我们是通过"身体内部的感觉"来判断自己所处的环境是否安全，身边的人是否值得信赖，而不是通过大脑来判断。也就是说，掌握"身体内部的感觉"，有助于我们培养客观的判断力，避免对形势做出误判或是用过分消极的眼光看待事物。

通过正念方法获取的感知身体内部感觉的能力，实际上是一种技巧，而我们可以通过持之以恒的练习来精进这种技巧。每个人都可以在日常生活中进行调整，使自己的感觉发生变化。

让我们通过后面介绍的方法来进行正念练习，让"客观的感觉"变得更加敏锐吧。

01 关注脚底的感觉

关注脚底，感知脚底的感觉，不仅是一种正念练习，也有助于清心安神。正如"脚踏实地"的字面含义所示，感知自己与地面的联系，能够让我们体会到身心安定平和的感觉。

首先，缓缓起身，寻找脚与地面接触最紧实的部位，如脚趾、脚后跟，与此同时感受脚底的感觉。

接着，上下活动脚后跟和脚趾，感知不同状态下脚底的感觉。然后，向前后左右各个方向晃动身体。

你感觉怎么样?

如果有足够的空间，你可以慢慢走动，一边走一边注意脚底感觉的变化。

在走路的过程中关注脚底，你很可能会意识到脚底和身躯在尺寸上的鲜明对比，震惊于如此小巧的脚居然能够支撑全身的重量。如果你也有相同的感受，就向脚表示感谢吧。（如果你并没有感谢脚的想法，也无须勉强为之。）

结束对脚底细致入微的观察之后，再做几次深呼吸吧。

02 感知动作

让我们来感知此时此刻自己的动作吧。

如果你想要尽快掌握正念疗法，那么我建议你多练习一些包含肢体动作的方法，比如，拉伸、收缩肌肉，转动关节，

等等。在做这些动作时，注意一下个人感觉和情绪的变化。

首先，在椅子上坐好，将双手放在大腿或膝盖上。接着，吸气，同时缓缓抬起双臂，呼气时再缓缓将手放回原位。

重复舒缓的动作，动作要和呼吸节奏保持一致。放慢动作的速度，可以更加细致地感知感觉的变化。

我们也可以进行一些调整，观察不同的力道和动作幅度所带来的感觉变化，比如说，起落过程中尽量保持手臂放松，或是将双臂伸向身体两侧，然后高高举起双臂，如同自下而上画一个大圆。

我们要用让自己心情舒畅的方式自由活动身体。比如，扭动身体，转动肩膀和脖子，只要自己感觉舒适即可。

让我们用随心、舒服的方式活动起来吧。

03 观察手掌

接下来要介绍的是如何运用五感来进行正念练习。

人无法同时感受和思考。正念能够抑制与反刍思维存在联结的大脑的默认模式网络。想要制止循环往复的思维活动，

注视

调动五感至关重要。

下面就让我们运用"视觉"观察自己的手吧。

手无时无刻不在我们眼前，而且颜色和触感时常发生变化，堪称完美的观察对象。我们可以观察手掌的颜色、纹路、隆起、形状、光泽，也可以对比观察左右手的不同之处。

比较的时候要坦然接受两只手的不同，不要评判孰好孰坏。有一说一，反映真实情况，有助于我们培养客观看待事物的能力。

我们先用右手触摸左手，感受皮肤的冷热、软硬和光滑程度。

然后，再用左手触摸右手。

被触摸的手感受到了怎样的力量和温度呢？

最后，试着同时感受两只手触摸和被触摸的感觉。

04 聆听音乐

这个方法是运用音乐的正念练习。这一次用到的感觉是"听觉"。

音乐最好选用舒缓的没有歌词的纯音乐，因为歌词会刺

激人产生联想。

在进行正念练习时，参与正念的大脑内侧前额叶皮层会变得更加活跃，从而降低杏仁核的活跃度。

众所周知，人在焦虑、恐惧时，杏仁核会变得活跃。由此可见，正念具有清心安神的作用。

下面，让我们找一处放松的环境，或坐或躺，选一个舒服的姿势，既可以睁着眼睛，也可以闭上眼睛。

准备好以后，我们把注意力集中到所播放的音乐上面，聆听音乐的曲调、节奏、韵律、声音的强弱。

尽情享受音乐，不要考虑是否喜欢这段音乐。

一旦发现自己走神，开始思考其他的事情，就要赶快把注意力拉回到音乐上面。

即使一开始做得不好也无须气馁，只要坚持下去，你的专注度就会变得越来越高。

05 品尝饮品

这个方法是运用"味觉"和"嗅觉"的正念练习。

心理学家彼得·莱文说过："如果我们能够观察身体内部的机制，就能激活连通大脑逻辑部分和情绪部分的网络。"

通过正念疗法观察身体内部，能够让理性和情绪的联系更加紧密，从而更好地控制情绪。

下面，准备一杯你喜爱的饮品。如果是咖啡等含有咖啡因的饮品，那么为了防止睡眠受到影响，我建议你在睡前4～8小时进行这项练习。

首先，把饮品摆在面前，用"视觉"观察它。

接着，轻轻地端起盛饮品的杯子，感受杯子的触感，感受饮品的温热或凉意，闻一闻它的气味。

然后，慢慢地喝上一口，含在口中，一边细细品味气味在口腔里弥漫开来的感觉，一边将其咽下，追寻温热感或清凉感穿越食道抵达胃部的感觉。

刚开始的时候，我们的感觉不会那么敏锐，不过没关系，从你容易体会到的感觉着手练习即可。

06 温柔地触摸身体

　　下面让我们运用"触觉"和"身体内部的感觉"来进行正念练习吧。

　　感知身体内部感觉的能力也会影响自我控制感。

人可以通过呼吸或触摸身体来调整身体的状态。只要掌握这种可以调整的感觉，即使面对压力，我们也依然能够获得自我控制感，随时随地让状态恢复如初。

"温柔地触摸身体"具有放松身心的作用。

想必不少人都有类似的经历——感到焦虑、恐惧的时候，抱住自己的身体，就能让心神稍稍安定下来。想要更好地安抚自己，关键是要了解触摸哪些身体部位，运用何种触摸方式能够让自己放松下来。

首先，坐在椅子上，闭上眼睛。接着，把双手放在胸口、腹部、脖颈、大腿等部位，或者把双手放在胳膊上抱住自己，总之，探索能让自己平静下来的身体部位。

然后，再尝试各种触摸方式，比如，逐渐感受双手的温度、轻柔地抚摸，或者是像哄孩子那样轻轻地拍打，总之要从中找出让自己感觉最安心舒适的触摸方式。

07 用气味唤醒美好的回忆

这个方法是运用"嗅觉"进行正念练习。

有时，一阵扑鼻而来的气味会唤醒你相关的回忆和情绪。

这是因为嗅觉可以直接将信息传递至与记忆相关的脑区

海马体以及与强烈的情绪状态相关的脑区杏仁核。

首先，找到一种你钟爱的气味。

你喜欢哪种类型的气味呢？只要是让你心情愉悦、情绪高涨的，与你过往的美好回忆有关的气味都可以。

比如说，森林的气息能让你想起最喜欢的爷爷奶奶家，薰衣草的香气会让曾经的北海道之旅重现你的脑海。

选择一种日常用起来比较方便的物品，例如，香水、香氛、香薰、浴粉、枕香喷雾等，然后细细感受它的气味。

接下来，在调动嗅觉的同时有意识地关注身体感觉和情绪的变化。

闻到钟爱的气味，你的身体一定会产生某种变化，或是心中豁然开朗，或是压力一扫而空，等等。

08 感受呼吸

有意识地呼吸，是正念练习中常用的方法。

在正念练习中，有关呼吸的研究不胜枚举，其诸多效果
也得到了认可，例如，稳定情绪，治疗轻度抑郁，提升专注

度，等等。并且，正念练习还有助于培养客观的视角，能够让人客观地审视过去。

首先，坐在椅子上，闭上眼睛，把双手放在能让你身体放松的位置，可以是脖子、肩膀、胸口、胳膊、脸颊、大腿等你喜欢的任意部位，然后感受手的温暖。把这种温暖当作善待自己的信号，用心感受这种信号。

接下来，观察呼吸。观察呼吸过程中身体的各种感觉——感受从鼻子吸入空气的感觉，感受呼吸时身体的膨胀和收缩，感受吸气时空气悄然沁入身体，感受呼气时气息缓缓飘散到体外。

刚开始做不到心无旁骛也没关系，一旦察觉自己心浮气躁、胡思乱想，就要立刻让意识回到呼吸上来。

我们需要通过反复练习，不断拉长集中注意力的时间。

09 身体扫描

　　身体扫描是一种关注身体感觉的正念练习。

　　关注身体的感觉，可以使我们尽早发现身体的异常状态，以便及时有效地关爱自己。

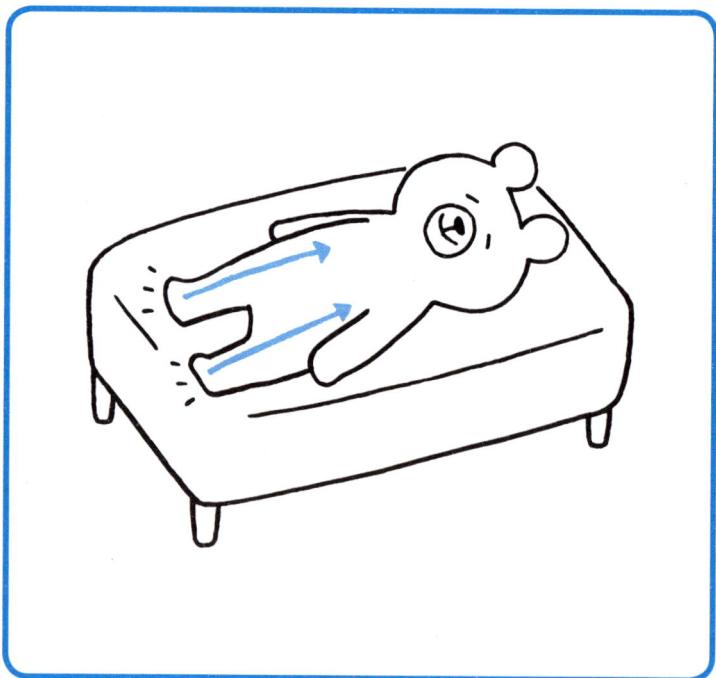

在进行身体扫描的时候，我们要按照自下而上的顺序扫描全身。

即使扫描一番以后没有发现任何异样，也很有意义。我们要温柔体贴地观察自己，向为我们全力运转的身体表示感谢。如果你有不想扫描的地方，跳过即可。

接下来，让我们在床上仰卧躺好，手脚完全放松，闭上眼睛，做几次深呼吸。

首先，从左脚脚底开始扫描。有意识地感受脚底的温度，感受肌肤与袜子或床铺接触的感觉，感受舒适程度，等等。对所有的感觉都要照单全收。接着，依次扫描左边的小腿、大腿。

然后，按照相同的顺序扫描右脚、右腿，接着扫描臀部、腰部、背部、腹部、胸部、左臂、右臂、颈部、头部、面部。

最后，做几次深呼吸，缓缓睁开眼睛。

中途睡着也没有关系。不要为此自责，权当是对平日里操劳的自己的一次奖励。

第二堂课：
善待自己（自我友善）

在学会感知身体内部的感觉之后，我们就要进入善待自己的阶段了。

"友善"包含亲切、友好、体贴等含义。自我友善就是我们要采取对自己亲切、友好、体贴的行动，让自己感到安心、安全。我们要像全心全意对待亲密的朋友和恋人那样对待自己，关爱自己，亲近自己。

所谓安心，就是身心放松的感觉；所谓安全，就是被保护的感觉。这种安心感、安全感并非思考所得，而是源自大脑深处的本能。

因此，我们要像正念练习中训练感受力那样，学习利用身体感觉来获得安心感、安全感。

实现这个的关键就在于要始终如一地善待自己。

你是你自己最好的朋友。

从呱呱坠地到撒手人寰，你 24 小时不离自己左右。

如果这样一个人总是否定你，那必然会让你感受到无休止的压力。你在白天不停数落自己"你怎么又犯错了？""你这人真不中用""打起精神来"，到了夜晚也将是噩梦连连，永远活在焦虑不安之中。

关爱自己的程度影响着自我认可度。

接纳包括情绪、需求、特性、性格在内的真实的自我，体贴友善地对待自己，才能让我们无条件地认可自身的价值。

10 想象一个安心的环境

无论我们全神贯注地做什么，例如转变行为习惯，都要立足于安心感、安全感的建立。

人如果感觉不到安心感、安全感，就没有勇气去迎接挑

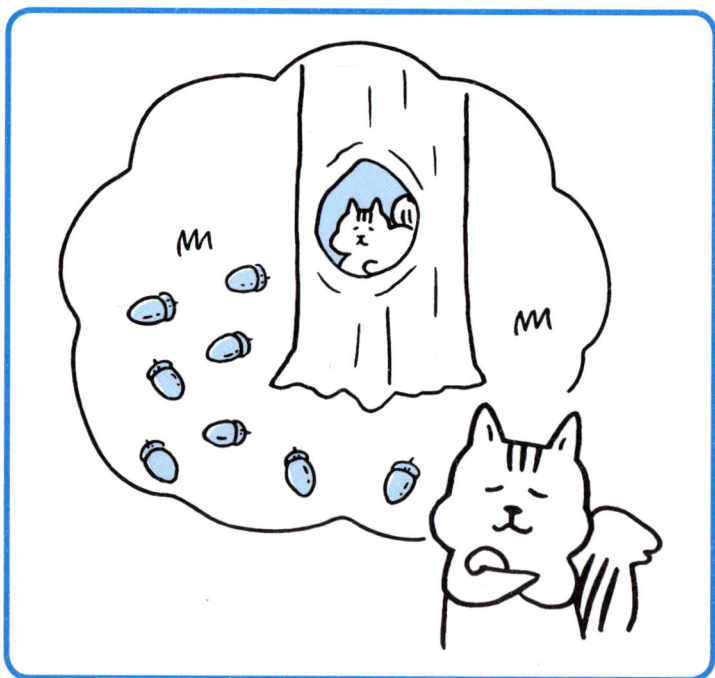

战。因此，掌握能让自己安心的技巧就显得尤为重要。

想象一个让你感到安心、平静的环境吧。

天苍苍野茫茫的草原、海浪轻轻拍打着沙滩的南方的海岛……地点没有任何限制，可以是想象中的世界，可以是曾经旅行过的地方，也可以是平时经常光顾的小店，还可以是自己房间里的床铺，起居室里的沙发，周末空无一人的办公室。如果你想不出一个合适的地方，就想象一种让你安心的颜色。

在这个环境中，你将看到哪些物品？听到哪些声音？闻到哪些气味呢？

想象你可能体验到的各种感受，比如食物、饮品的味道，风的和煦，毛巾的舒适，等等。

当这个安心的环境浮现在你脑海时，你要观察情绪和身体的变化（紧张的身体松弛下来，呼吸更加通畅，等等）。

不必急于求成，只要坚持练习，你肯定能找到安心的环境，体会安心的感觉。

11 记录喜欢的事情

友善体贴地对待自己的首要前提是关心自己。

你关心自己吗?

有名的特蕾莎修女曾说过这样一句话:"爱的反面不是恨,

而是漠不关心。"你所关心的是不是全都是外部事物？例如他人对你的评价？

你要学会关心自己内在的情绪和感觉。

记录下你喜欢的事情、美好的体验、愉快的经历吧。

首先，把此刻自己喜欢的事情记录下来。然后，再写出小时候喜欢的事情。孩提时代、多愁善感的青春期等，人在不同的时期，喜好、兴趣都会发生变化。重新接触儿时喜欢的事情，也会产生新奇的感觉。

不妨找一个时间，认真回忆一下吧。

我们对负面事物往往更加敏感（负面偏见），稍不留意就会忽略喜欢的事情、快乐的事情等积极正面的事物。

让我们关心自己的情绪变化，记录自身出现的积极变化吧。

12 记录想要挑战的事情

试着记录下你想要尝试的事情。想要尝试的事情不仅是人生的目标，也是人生的调味剂。

你有没有想要尝试、挑战的事情呢？

和方法 11 一样，此时此刻的你想要做的事情固然重要，但也不要忘记记录小时候的梦想。

　　因为年龄小而无能为力的事情，受环境所限而无法实现的梦想，想要尝试但始终求而不得的夙愿，以及因中途搁置尚未做到尽善尽美的事情，这些你都可以一并记录下来。

　　然后，从所记录的内容中找寻此时此刻的你能够挑战的事情，也就是儿时自己未能实现，但是长大以后可以重新挑战的事情。

　　比如说，跳过六层的跳箱，学弹吉他，穿一身可爱的衣服，痛痛快快地看漫画和动画片，每个月存一笔零花钱，等等。

　　从此时此刻的你想要尝试的事情和过去的你未完成的梦想当中，挑选那些有望实现的事情，一件接一件地实现它们吧。

13 做再小的选择也要遵从内心

你是否会因为优先照顾别人而委屈自己？

一味迎合对方，让别人做决定更省心，有选择困难症……做选择时不习惯遵从自己内心的人要时不时地练习为

自己做出选择，即使选择再小，也要遵从内心。

选择一个如实反映自己内心的选项，即便这个选择是很小的选择。

比如说，去到便利店的甜食区，你问自己想吃什么点心。内心的声音告诉你"想吃栗子蛋糕"，但理智的念头可能会对你说"栗子蛋糕热量太高了，吃别的东西吧"。这时，你要听从内心的声音。

当然，每天随心所欲地吃喝对身体并不健康，我们可以用其他方式来满足内心的欲望，比如，每三天在自动售货机买一瓶饮料，每周放纵地吃一顿。

在现实可行的范围内，满足自己的愿望吧。

如果一个人长久以来都忽视自己内心的感受，那么他将很难按照自己的意愿行事。

我们通过练习，可以培养自己在主体性、独立自主性等方面的素养。

14 表扬自己

　　我们反复体验被表扬的感觉，有助于增强自信，产生"我能行"的信念感。

　　反之，如果我们很少被表扬，或者是在期待表扬的时候

被对方浇上一盆冷水，那结果将会怎样呢？人生活在这种环境中，不但会变得自卑，而且还会偏执地认为别人对自己不感兴趣，从而畏惧向他人表达自我，难以具备表扬自己与他人的能力。

对于自己干得非常出色的事情，满怀兴致去做的事情，付出过努力的事情，结果差强人意的事情，我们都要学着表扬自己。

我们可以因为平平无奇的小事表扬自己，不只是结果，做事情的过程、全神贯注的状态、坚持不懈的态度也都值得表扬，像这样在日常生活中表扬自己，能够取得更好的练习效果。

表扬自己要注重时机，每一个行为结束之后，我们都要立即表扬自己。"刚才的表达方式棒极了！""加班工作的我太厉害了！""比上次干得好！"

如果来不及当场表扬自己，那么我们也可以用写日记的方式表扬奔忙了一天的自己。

练习表扬自己，也有助于学习如何表扬他人。一个善于发现自身优点的人，自然也能看到别人的优点。

15 高声说出关爱的话语

"慈悲冥想"是一种培养关爱之心的冥想方法。慈悲冥想可以增强人的共情能力，增加积极情绪，改善抑郁。

此外，据近年研究显示，慈悲冥想还能影响触发衰老的

希望我获得幸福。
希望有人爱我。

端粒（位于染色体末端），具有抗衰老的效果。

在进行慈悲冥想时，我们要用话语表达对自己的关爱。

思考一下自己渴望听到、需要听到的话语。 想好以后，要像送祝福一般高声关爱自己。

"希望我能够放松下来。""希望我获得幸福。""希望有人爱我。""希望我获得认可。""希望我能够平心静气。""希望我身体健康。"

放开嗓音关爱自我的时候，要选择一处能让心情平静下来的环境，并且确保时间充裕。

在用话语表达关爱的同时要保持轻柔、自然的呼吸。

说完关爱的话语之后，要一边品味余韵，一边关注情绪和身体感觉的变化。

刚开始的时候可能会有些别扭，不用担心，久而久之你就会适应这种方式的，请试试看吧。

16 用身体感知关爱

用话语向自己表达关爱，用身体感知关爱是很重要的。

正如前文所述，我们在背负压力的时候，都是通过感知身体的感觉来判断能否安心。因为身体放松的感觉等同于

这是小熊
爱喝的蜂蜜。

安心。

当我们感受到压力，内心焦躁不安时，身体就会做出"不安心"的判断，导致我们更容易用消极的眼光看待事物。

比如说，同样是面对愤怒的上司，心情平和的时候，我们会冷静地分析上司可能是劳累所致，但是压力很大的时候，往往误以为是上司讨厌我们。

从事自主神经理论前沿研究的斯蒂芬·波格斯（Stephen Porges）博士曾指出，交感神经在压力作用下占据主导地位后，听觉会随之发生变化，人对事物的理解能力也相应下降。也就是说，人很难听懂别人说的话，容易造成误解。

因此，用话语向自己表达关爱或是别人关爱我们的时候，我们要清楚身体的哪些部位会产生反应。

感知并牢记这种感觉，这样每当我们感受到压力时，都可以进行自我调整，让身体尽快放松下来。

17 感知并接受痛苦的情绪

　　你是不是觉得负面情绪不应该出现，必须消灭干净？情绪越痛苦，我们就越难接受。而且，我们越是否定和抗拒，这些情绪就会越强烈，持续的时间也会越长。

焦虑、愤怒等强烈的情绪往往伴随着身体反应。比如说，胸闷气短，大脑充血，身体发沉，等等。由于强烈的负面情绪会让人感到格外痛苦，所以人们总想无视、抑制这些情绪，但其实对我们来说，任何一种情绪都有它存在的价值。

我们人类只要活着，就会产生强烈的情绪。情绪没有好坏之分。因此，我们不妨慢慢学习用话语把感知到的情绪表达出来。

我们既要感知焦虑、愤怒、恐惧、不满、羞耻、负罪感等各种情绪，也要感知与之相伴产生的身体反应。

不要否定任何一种情绪，要认可"现在很伤心""想要发脾气"等内心状态。

如果我们对情绪视而不见，就会被情绪所左右，永远也无法揭开情绪的面纱。

我们只有认清情绪的本来面目，赋予情绪清晰的定义，才能客观地看待情绪。

18 巧妙应对痛苦的情绪

如果我们长期无视情绪，将削弱自己对情绪的耐受性，稍微强烈一点的情绪就会使自己感到异常痛苦。

我们产生怎样的情绪是我们的自由。而且，我们没必要

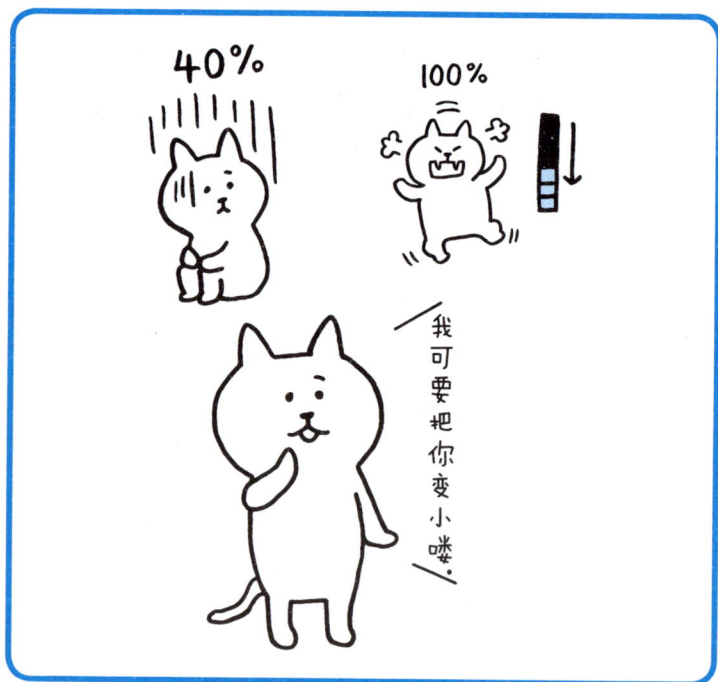

因为"相比之下，别人看上去比我更痛苦"而轻视自己的情绪。我们要及时察觉自己痛苦的情绪，客观地感受它们。

首先，我们可以用 0~100% 来表示此时此刻情绪的强度。

将某种情绪表现得最强烈的时候设定为 100%，完全感觉不到时设为 0。

如果你想象力丰富，你可以将愤怒、悲伤等情绪具象化为一个个小人。有余力的话，你可以再想象一个好相处的可爱的形象。然后，在心里为它们搭建一间房间。

当过于强烈的情绪汹涌而来时，你就可以在想象中把代表这种情绪的小人缩小。

比如说，想象自己用缩小灯把情绪小人缩小，或是通过遥控器的音量键调低情绪小人的音量。

你只需一声令下，就可以把情绪小人缩小。

不过，不要忘了，每个情绪小人都很重要，千万不要让它们彻底消失。

19 对讨厌的事物说"不"

当别人对你提出非分要求，或者你对某事心生反感的时候，你敢不敢说"不"？你有没有委曲求全地无视自己的情绪呢？

你做事情应该遵从内心，不要为了满足社会和他人的期待而一味地牺牲自我。

善待自己不代表纵容自己，放任自己。关爱自己，是要活出自我。

我们可以循序渐进地练习拒绝让自己感到讨厌、难过的事情。

当然，关于采用哪种拒绝方式，我们需要花费一番心思考虑，但是只要学会了拒绝，顿时就会有一种呼吸通畅、身轻如燕的感觉。我们要关注自己拒绝前后情绪上的变化。

我们并不是只能消极被动地关爱自己。

比如，我们不仅要向讨厌的事物说"不"，还要在遭遇别人无理对待的时候选择全身而退或是勇敢反击，在受到伤害的时候主动安慰自己，在疲惫的时候学会自我放松。

让我们从一点一滴做起，学习如何从行动上用心关爱自己吧。

20 回顾一天的经历，代替别人安慰自己

　　我们每天都会遇到大大小小的事情。对于有些事情，我们当时没有放在心上，很快就抛到脑后，然而事后这些事情所带来的不起眼的压力和不满，则会一点点地积聚在心灵和

身体当中。

回顾一天的经历，如果我们对某一段交流感到厌恶和不快，那么不妨设想一下当时我们想要听到的是哪些话语。

比如说，希望对方的语气温和一些，希望对方能够理解自己的心情，希望对方能道一声"辛苦了"……也就是当时我们真心希望听到的话语以及需要听到的话语。

过去的事情无法改变。

但是，我们可以疗愈因为过去的事情而受到伤害的自己。让我们想一想应该如何安慰当时的自己。

在心里默默地诉说这些话语，就好像是在安慰当时的自己。说出声来也没关系。当你感觉已经充分表达了安慰之情，那么接下来就要观察情绪出现了哪些变化。

尽可能挑选一个固定的时间段来实践这个方法，养成习惯，不要把压力留到明天。

第一堂课

第二堂课

第三堂课

第四堂课

21 给自己写信

给自己写信，可以激发出自己的关爱体贴之情。

之所以建议给自己写信，是因为在纸上书写不仅可以梳理自己的情绪，还能体验到一种别人对我们温柔说话的感觉。

内容无关紧要，但是要与"关怀"相关。

友善、体贴、温柔地对自己说话。字里行间要彬彬有礼，就像是在给某一个重要的人物写信。

写着写着，我们心里可能会突然蹦出一些意想不到的话语。我们要怀着对这些话语的期待，用心享受写信的过程。

写完信以后，我们要检查一下从这封信的表达上能否感受到体贴和关爱。

我们可以在搁笔后立刻诵读一遍，也可以暂且将信放在一边，有需要的时候再读。

高声朗读还会给我们带来不一样的感受。

写信也不必急于求成。

要留出充裕的时间，按照自己的节奏来写。

写信的目的是增强自我关怀的能力，因此也不必强求文笔有多好。

22 写出自己的优点

　　如果想要形成客观全面的自我认知，就要公正地看待自己的优点和缺点。如果你一直以来都只盯着缺点，那么从现在开始就要有意识地关注优点。

有人觉得关注自身优点可能会让自己变得以自我为中心，变得心高气傲。

但关注自身优点其实是形成客观视角的必要条件。

一味关注自身的缺点，会让人变得妄自菲薄，看问题有失偏颇。长此以往，人就会畏惧与他人打交道，怀疑别人对自己的夸奖是别有用心，然后陷入深深的孤独。

请你写出自己的优点。你擅长的事情，曾付出努力的事情，得到别人褒奖的事情，或者是你喜欢的事情，关注的事情，这些事情都可以引导你找到自己的优点。

如果你不喜欢寻找自己的优点，那就想一想是哪些因素让你具备了这些优点。

自我优点的形成除了受自我特质的影响，还受他人、环境、遗传等多种因素的影响。

要把寻找自身的优点看作是向每一个对自己有所影响的人表示感谢的机会，这样多少可以缓解一些抵触的感觉。

23 接纳自己

你接纳你自己吗？

如果你不能接纳自己的全部，那么哪些部分是你无法接纳的呢？哪些地方让你觉得无法忍受呢？

比如说，曾经的失败，半途而废的事情，自己的缺点，等等。我只认可努力拼搏的自己，我只肯定能够为他人做出贡献的自己，等等，像这些带有附加条件的接纳，会让我们感到难以言状的焦虑和颓废。我们只有接纳自己的全部，才能包容自己身上无伤大雅的过错和缺点。

因为不接纳自己而造成的焦虑和颓废情绪也会像慢性疾病一般久久不能治愈。

让我们来练习接纳自己的全部吧。即使我们一事无成，也要认可自己。

比如：放假了，优哉游哉地过一天也没什么关系；不妨大大方方地求人帮忙；偶尔口头宣泄一次也算不了什么。积极向上也好，消极懒怠也罢，统统都要接受。

只有不带附加条件地认可自己，无条件地接纳自己，人们才能意识到保持自我是一种美好的感受。

无论是追求上进还是安于现状，无论是有所作为还是暂时无事可做，你都只需要接纳现在的你。

24 思考人生的意义

你人生的意义是什么?

你心目中人生的意义对于指明你今后人生之路的方向至关重要。

比如，人生的意义在于与他人建立关系，爱与被爱，互相认可，获得自由，等等。我们要围绕健康、幸福、内心的安宁、爱、快乐、人际交往、生儿育女、友谊、事业、创造性的活动等各种各样的事物，来思考究竟什么才是人生的意义，以及我们想要成为怎样的自己。我们寻找的不是一个完美无缺的答案，而是能用身体感受到的遵从内心的东西，并且需要我们用具体的语言将其描述出来。

当然，也许我们无法立即给出答案。有时可能穷尽一生也一无所获，有时在人生的不同阶段，人生的意义也会发生变化。

我们可以在正念冥想等处于有意识和无意识之间的冥想状态下发现内心的渴望，也可以从电影和书籍当中有所感悟。

当你要做出重要抉择的时候，人生的意义必将助你一臂之力。

如果你的每一次抉择都遵从人生的意义，那么你的人生将拥有十足的底气，指引你迈向正确的方向。

第三堂课:
感知自己与他人的联结(共通人性)

我们人类在进化的过程中选择了群居生活。

因此,对于我们来说,因脱离集体而产生的孤独感是一种强大的心理压力。

强烈的孤独感将增加身体疾病和精神疾病的患病风险。人会通过增强凝聚力和集体归属感的方式来克服孤独感。

但是,如果我们在与他人建立联结之前没有充分地了解自我,那么很有可能无法准确分辨自己和他人的情绪。

这样一来,我们就难免被他人的情绪所左右,或者是因为自己内心得不到满足而感到空虚失落。

为了疗愈孤独感,首先,我们要通过正念练习充分接纳真实的自己。然后,善待自己,亲近自己,深入了解自己。

在了解自己、关爱自己的基础上,我们才能关爱他人。

我们要由浅入深地密切自己与他人、社会的联结,在情绪上推己及人,与他人相互交流,缓和孤独感。

接下来介绍的方法将帮助我们在了解自己之后，拥有与他人建立联结的能力。

25 与镜子里的自己对话

你可曾认真注视过镜子里的自己？

在生活中，有些人处于自我肯定感降低、自己厌恶自己的状态时，甚至对自己的身影都唯恐避之不及。

有些时候，Compassion 也被译为"慈悲"，而所谓"慈悲"，就是对他人的悲伤感同身受。想要与他人共情，首要条件就是能够感知自己的情绪和感受，深入地了解自己。

如果一个人的生活中只有痛苦，那么他有可能为了保护内心而不惜切断外界与内心连接的通道，放弃感知一切事物。在感知自我和他人的联结之前，我们要进一步了解自己。

不妨用充满关切的语气和镜子里的自己聊聊天吧。

聊天的内容可以是你从上堂课中学会的关爱的话语，也可以是你想要听到、乐意听到的话语。

比如：清晨醒来站在镜子前，对自己说"今天也很美，今天也要加油"；或者是临睡前告诉镜子里的自己"今天辛苦了，做个好梦"。

如果此刻你对自己有了新的发现和感受，那么请以肯定的态度接受它们。

26 抚摸动物和毛绒玩具

有些人虽然总也无法善待自己和他人，但却对动物和毛绒玩具很温柔。

抚摸动物和毛绒玩具，可以刺激皮肤上的神经——C 类触

觉纤维，促进催产素这种幸福荷尔蒙的分泌。

C类触觉纤维对柔软的物体以及与人类皮肤温度相仿的物体反应敏感。

想必大家在温柔抚摸软绵绵的毛绒玩具、毛茸茸的动物的时候，内心都会涌起一种温暖而平和的感觉。

因此，我们要给自己创造与动物、毛绒玩具相接触的机会。

我们可以购买自己喜爱的动物或卡通角色的毛绒玩具，或者是去动物咖啡馆亲身体验。

可能有人会有这种想法：都老大不小的人了，还买什么毛绒玩具；堂堂一个男子汉怎么好意思说自己喜欢可爱的小动物和卡通角色呢。

其实，这种想法大可不必。

我们要果断地抛弃这种想法。

抚摸动物和毛绒玩具的时候，我们要用温柔友善的动作来表达内心的关爱，与此同时细细体会这种抚摸的感觉。

27 照顾动物和植物

　　"照顾"这种行为，比如说，喂养动物，培育植物，能让人拥有一种与外界相互联结的感觉。

　　美国社会心理学家艾里希·弗洛姆曾说过"爱本质上是

给予而非获取""爱是与他人融为一体"。

弗洛姆想要表达的意思是给予就要不求回报，而坚持不求回报的给予也必将获得回报。

无条件地倾注感情去关爱他人，通过这种关爱获取的归属感可以排解孤独。

因为我们是人类，所以理所当然地会产生"寂寞的时候渴望安慰""希望精心培育的花朵能够娇艳明媚"之类的期望。

尤其是养育孩子，这一过程可谓呕心沥血，其背后必然充满父母望子成龙、望女成凤的梦想和期望。

首先，**要认可自己的这份期望。**

其次，如果对方的行为并未满足我们的期望，我们也要尽可能保持原有的心态，继续用心照顾对方。

如果不慎伤害了对方的感情，一定要向对方道歉。

在坚持照顾的过程中，你可能会在某个瞬间忽然想要去了解对方的情绪，随着感情的投入，你与对方的关系也会逐渐变得亲近。

28 寻找自己与他人的共同之处

我们虽然在才能、专长、外貌、性格、出身、成长环境等方面千差万别，但大家都同为人类，这一点是不会变的。

可是，我们常常会不由自主地拿自己与他人比较，一门

心思地盯着人与人之间的差别。

一旦我们在比较中察觉到了自己的短处，就会刻意和对方保持距离。

不过，深入了解彼此的内心之后，我们还会发现一个共同之处，就是每个人都有烦恼。

首先，了解自己和亲朋好友的共同烦恼。

其次，练习从泛泛之交以及讨厌的人、难以相处的人身上找寻共同的烦恼。（虽然难度有点大。）

此外，我们还可以在社交平台上检索我们的烦恼。

名落孙山、百无聊赖……通过这些关键词检索自己的烦恼，然后你就会发现其实很多人都和你同病相怜。

只有把目光投向"人人都有烦恼""是人就会为情绪所困""没有人不渴望爱"等人类的本质，以更加宽广的格局体会人与人相互联结的感受，才能减轻内心的孤独感。

29 找到自己的后盾

　　把你认为能够支持自己的人、物品或机构（公司、医院等）写下来吧。

　　即使你觉得谁也靠不住，觉得孤立无援，但动手写一写

的话，也会有意外发现。

事先列好清单，当你感到有压力的时候，只需看一看这些来自外界的支持，压力就会有所缓解。支持即使并不发挥实质性作用，但只要存在于我们的视野范围之内，也足以达到减轻压力的效果。

支持分为两种，情绪性支持和工具性支持。

情绪性支持指的是能够与我们共情，给予我们关爱等提供情绪方面支持的人或物。

家人、朋友、爱人、过往的回忆、钟爱的物品、宠物、植物、大自然、动漫、小说、音乐等都可以给予我们情绪上的支持。

工具性支持指的是向我们提供信息、金钱等必要之物的服务或机构。

比如，公司、医院、地方政府等。

无论是情绪性支持还是工具性支持，把它们都加到你的清单当中去吧。

30 线上交流

　　有时，不一定要面对面才能感知人与人之间的联结。

　　如今，包括社交平台在内的网络平台上，人际关系日趋丰富。

对于很多人来说，即使他们在家庭、职场、学校里的人际关系不融洽，他们也能从互联网上获得支持。

在社交平台上与他人交流，或者只是浏览其他人的社交活动，自己甚至无须参与其中，就能感受到与他人之间的联结。

当然，考虑到互联网的特性，我们在任何时候都要注意不要向对方泄露个人信息。在利用互联网分享兴趣爱好的同时，也要留心各种风险。

另外，如果因为过分沉迷而引发了负面情绪，那么在浏览社交平台的时候就要适当控制时间，做到张弛有度。

如果你也有社交平台账号，那么不妨检索一下自己关注、喜欢的事情，寻找志趣相投的朋友。

线上交流要遵从自己的内心，不必勉强为之。倘若对方发表的内容引起了你的共鸣，那就为他"点赞"吧。

即便你没有社交平台账号，也可以利用平台主页的资讯栏来了解各种信息。

31 向他人表达关爱

　　为了感知自己与他人的联结，让我们用话语向他人表达关爱吧。

　　关爱他人，可以刺激幸福荷尔蒙催产素的分泌。

用在方法 15 中想好的关爱的话语，默默地祝福他人。

面对街上的行人、咖啡馆里座位遥遥相望的其他客人、便利店的店员，心中默念"希望你生活幸福""希望你无忧无虑"之类的话语。

在默念关爱的话语时，我们要调动身体感官去细细品味情绪的变化，比如说，对他人更加友善，心里莫名感到温暖，手渐渐变得温热，等等。

我们还可以更进一步，用关爱的话语祝福所有的生物。

试着在心里默念"希望每一个生灵都幸福安康"，并关注内心的感受。

如果你在这一过程中感到任何不快，那么你可以随时停止。

这时，你可以转而向自己诉说关爱的话语，也可以做深呼吸，让心情平静下来。

32 感受他人的体温

感受他人的体温本来就是一件令人心情舒畅的事情。

皮肤的相互触碰对于安定神经系统、加深人与人情感上的羁绊具有显著效果。

我们可以零距离感知双方的情绪同步舒缓下来的感受，与对方共享情绪。

感受体温还有助于提升我们身体内部的感觉，让自我和外界的界限变得更加清晰。

如果你想用拥抱或牵手的方式感受他人的体温，可是对方又不是你的爱人之类的特定对象，那么这样做多少显得有些不妥。以日本为例，许多人到了一定的年纪，即使是父母和子女之间，提起拥抱、牵手，大家也会有所迟疑。

因此，当我们想感受他人的体温时，我们要根据所处的环境选择合适的方式。

比如说，握手，捏肩膀，击掌庆贺，等等。

我们可以去做一做按摩，感受他人的体温，也可以去猫咖店感受猫的体温。

我们应采用适当的方式，体会人与人之间相互传递温暖的舒爽和喜悦。

33 分享喜好和快乐

　　向他人分享欣喜、快乐等积极的情绪，可以放大这份欣喜、快乐的心情。

　　而且，了解他人的喜好和快乐，还可以激发自己对他人

的亲近感。反之，你向对方介绍自己的喜好，分享自己的快乐，也有利于对方对你产生亲近感。

尤其是较为陌生的关系，重视分享积极情绪，拒绝传递负面情绪，可以明显拉近你和对方的距离。

- 近期快乐的经历
- 双方的兴趣爱好
- 喜欢的事物
- 童年喜欢的东西

让我们来分享这些喜好和快乐吧。

像"结伴美餐一顿""一起经历一段快乐的时光"这样共同的体验可以进一步拉近彼此的距离。

在同一个时间段，置身同一个地方，围绕同一个话题，向他人分享积极的情绪吧。

34 倾诉自己的情绪

　　人们的特性各有千秋，人生阅历无不异彩纷呈，价值观也千差万别。

　　因此，不存在能 100% 理解你情绪的人，也不存在即使

你一言不发也能洞察你内心世界的人。

虽说没有人能完全理解我们的情绪，但是也不能就此放弃。向对方倾诉自己的情绪，可以增进理解，增强联结感。

在一段关系中，如果有任何一方委曲求全或是将自己的情绪强加于人，那么这段关系都不能称为健康平等的关系。相互表达情绪，相互理解，才能够让我们真切地体会到联结感。

练习倾诉情绪，刚开始的时候要挑选便于倾诉的对象和内容。在练习倾诉负面情绪的时候，要注意所倾诉的内容不要牵涉到对方。比如，向朋友倾诉情绪时，不要提及像"你的文字给人感觉冷冰冰的"这种和对方有直接关联的事情，而要选择像"上班的时候谈崩了一桩买卖，我很难过"这样与对方不相干的事情，让对方乐于倾听。

35 留心他人的善意

有时候，我们会忽视他人给予我们的温暖。

尤其是因为工作忙得不可开交，身上犹如有千斤重担的时候，我们往往无暇感受来自他人的关爱。

倘若他人善待我们，对我们嘘寒问暖，而我们却无从察觉，那我们很有可能会错失建立良好人际关系的机会。

因此，我们要练习留意他人的温情和善意。

结束了忙碌的一天，不妨回顾一下这一天他人对我们温柔相待的片段。

比如说，同事夸奖我们说"你工作一直都很认真负责"，在咖啡馆门口有人提前为我们扶住了门……我们要寻找的正是这些小小的善意。回顾这些片段，重温温暖的感受。

重复这个练习，我们会越发敏锐地感受到他人的善意，直至能够第一时间察觉并体会这种温暖的感受。

第一堂课

第二堂课

第三堂课

第四堂课

36 分清自己和他人的情绪

在与他人相处的过程中，我们切勿忘记自己和他人终究是不同的两个人。

美国社会心理学家艾里希·弗洛姆曾说："爱可以使人克

服孤寂和疏离感，但同时又使人保持对自己的忠诚，保持自己的完整性和本来的面貌。"

缓解孤寂，并不意味着要与他人融为一体。与他人交流相处要建立在划清自己和他人之间界限的基础之上。

我们身体里有一种叫作"镜像神经元"的细胞，这种细胞让我们可以下意识地了解他人的心思，与他人共情。因而，共情能力强、较为敏感的人可能经常会混淆自己和他人的情绪。

当我们与他人促膝长谈，分担痛苦，互诉愁肠的时候，一定要清楚自己的能力边界。

比方说，有人向我们倾诉烦恼时，我们能做到的是倾听、建议，大部分时候并不能解决实际问题。谈话归谈话，但在谈话之后，对方的所思所想、所作所为其实都与我们不相干。

我们只有对自己的能力边界一清二楚，才能正确区分自己和他人的情绪。

37 被人夸奖的时候要说"谢谢"

"哪里哪里，这不算什么""也没什么了不起的"，当别人夸奖你的时候，你是不是也曾这样谦虚地否定过对方的话呢?

面对别人的夸奖，我们可能会因为不好意思或是怀疑对方话里有话而表现出否定的态度，以免显得自己狂妄自大。

不过，我们要学着在被夸奖的时候真诚地说"谢谢"。

有时我们缺乏自信，做不到坦然地接受夸奖。但是我们要明白，夸奖意味着对方对我们相当认可。

以前有一次，朋友的孩子夸奖我，当我习惯性地否定了他的话时，孩子流露出了伤心的神情。

当你发自真心地夸奖他人时，你愿意看到对方表现出自卑惭愧的模样或是将你的好意拒之门外吗？还是更愿意看到对方因此喜上眉梢，变得充满自信？

别人夸奖我们的时候也是一样，想要看到的是我们灿烂的笑脸。

所以，让我们慢慢学习在被人夸奖的时候说"谢谢"吧。

38 关切地倾听对方说话

与人交谈时，我们要有意识地、关切地倾听对方说话。

如果对方是一位很重要的人物，你在倾听的时候是不是会格外认真？在倾听其他人说话时，我们也要采取同样的

态度。

研究表明，自我关怀能够激活大脑当中一个叫作"岛叶"的部位，可以让我们更好地站在他人的角度来看待事物。

我们要向对方传递这样一种态度，我们想要设身处地理解对方的想法和情绪，这样做也有利于我们建立更加融洽的人际关系。

如果我们想要在交谈时把这份关切传递给对方，我们就要正视对方，与对方保持适度的目光接触，及时对对方所说的话做出回应。而且，要认真倾听，不要动不动就否定、打断对方。

另外，我们还要积极调动面部肌肉，用表情表达倾听时的情绪。

和他人交谈时调动表情肌，可以让神经更加兴奋，促进沟通交流。

"哇！真高兴！""这可太糟糕了！"倾听时，用这样的话语向对方表达共情，表示自己对对方立场的理解。

不能共情的时候也不必勉强，只需弄清对方的情绪，了解对方的想法即可。

39 原谅无法关爱他人的自己

　　尽管我们想要和他人和睦相处，想要关爱他人，但是总有做不到位的时候。

　　无论我们多么渴望关爱他人，都难免会遇到特殊情况。

没能向小猫
道谢……

没关系!

没有人能在任何时候都做到尽善尽美。

我们要学着原谅无法关爱他人的自己。

比方说，一不留神对他人冷言冷语，这时我们要温柔地告诉自己偶尔有一天做不好也不要紧，自己后悔这样做，说明自己有一颗关爱他人的心。

此外，有些时候我们无论如何也无法原谅别人。

这种时候，同样要对自己说"即使不原谅他也没有关系""只要能感受到幸福就好"。是否原谅别人完全取决于你自己，别人无权对你指手画脚。

不过，当别人对我们说"那种鸡毛蒜皮的事情不必放在心上""算了，就原谅他吧"的时候，我们可能会有一种负罪感。

让我们原谅无法关爱他人、无法原谅他人的自己吧。原谅自己，我们的身心将会渐渐地有所改变。

第四堂课:
自我关怀的进阶方法

要想疗愈心理困境的根源,持之以恒地关爱自己是关键。

就像植物每天都需要晒太阳,汲取水分和养分一样,你的心灵之树也需要天天呵护。

坚持呵护,树木才能茁壮成长。

在这一堂课,我向你介绍的方法就好比是特殊的肥料,能帮你更好地疗愈心理困境的根源。

我们要想消除更加严重的心理困境,除了日复一日地呵护心灵之树以外,有时还需要挖开土壤,观察确认其根部的状态,将其移植到其他地方,清理妨碍树木生长的杂草,为其补充特殊的营养物质。

进阶方法关注的不只是自我关怀,还有思维方式和行为模式。这些方法会使你对自身困境有更深的理解,指引你走向幸福的生活。

当然,如果你想更好地领悟这些方法,做到融会贯通,可能还需要你准备充足的时间和合适的场所。

如果你感觉现在的自己迫切需要这些方法，如果你想要认真学习这些方法，就请翻到下一页吧。

40 留心触发心理困境的话语

下面让我们开始学习进阶方法，彻底疗愈心理困境的根源吧。

准备好笔和本，看下列问题，写出你的答案。没有正确答案。

与在脑袋里空想相比，把答案落实在纸上，将帮助你更为客观、有条理地把握心理困境的根源。

来，我们开始吧。

Q 哪些场面让你感到有压力？

回顾最近让你感到有压力的场面。

比如，单位领导指出你的疏漏，恋人、朋友说的话刺痛了你，你竭尽全力却一无所获，等等，诸如此类的事情都可以写出来。

Q 当时你作何感想？

写出你脑海中一闪而过的只言片语。

比如，"我这人真不中用，总是犯错""没人关心我""可能大家都讨厌我""再怎么努力也没用"。

把当时闪现在脑海中的所有想法都写下来。

压力越大，人对事物的看法就越容易失之偏颇。

因此，有余暇的时候，我们可以回顾过去感到有压力的各种场面。在这个过程中，我们可能会发现自己的定势思维和口头禅，而有可能正是与这些相关的话语触发了心理困境。

触发心理困境的话语可谓数不胜数。

"我孤苦伶仃。""我这人一无是处。""我总是丢人现眼。""我是个无能之辈。""我干什么都是一塌糊涂。""我必须付出100%的努力。""如果不能建功立业，活着就没有任何价值。""我是一个失败者。""我控制不住自己。""没有一个人了解我。""不能轻信任何人。"……

或许正是这些话语束缚着你，让你的生活举步维艰。

触发心理困境的话语显然不止一句。

关键是要留心在你心中反复出现的话语。

要找到束缚你的话语。

Q 默念触发心理困境的话语，你的情绪会出现什么变化？

关注情绪的变化，比如，难过、焦虑、愤怒等。

Q 默念这些话语时，你的身体状态会出现怎样的变化？

身体有没有变化？比如，心脏怦怦直跳，胸闷，等等。

Q 默念这些话语时，你会有哪些行为？

你会怎么做呢？比如，离席去洗手间，止不住地掉眼泪，暴饮暴食，等等。

话语的力量不可估量。

话语不仅影响我们的情绪，改变身体的反应，而且还会左右我们的行为。

例如，A职员总把"都怪我自己"这句触发心理困境的话语挂在嘴边。

每当工作出现差错或是和他人发生矛盾时，即使错不在自己，A职员也觉得都怪自己。她常常为此感到伤心失落，身体疲惫不堪，泪眼婆娑。她总是自怨自艾，对自己毫无信心。

而且，可能是因为她一遇到问题就习惯性地主动道歉，结果让她背黑锅的人越来越多，她与同事之间的关系也越来越差。

纵使沦落到这步田地，她依然觉得都怪她自己。

触发心理困境的话语时常会造成这种恶性循环。

话语既可以用来约束、勉励、支持自己，也可以引发痛苦的情绪，导致身体不适，甚至还会造成行为失当的严重后果。

这些触发心理困境的话语究竟从何而来呢?

没有人生来就受到这些话语的影响。这些话语是在我们成长的过程中自然形成的。

41 在心中虚构一个形象

接下来，我们要虚构一个形象，这个形象能够说出触发心理困境的话语。如果你在实践这个方法的过程中感到不适，可以随时停下，不必勉强为之。遇到这种情况，不妨等自己做好准备后再行动。

言归正传，我们可以用纸笔细致入微地刻画这个形象。如果实在想象不出清晰的形象，可以简单罗列一些特征。

这个形象可以是人，可以是动物，可以是一团朦胧而虚无缥缈的东西，也可以是动漫当中的具体角色。

唯独要注意的是，不要使用真实存在的人，以免影响现实生活中的人际关系。

Q 你虚构的这个能说出触发心理困境的话语的形象是什么样子的呢？

- 这个虚拟形象长什么模样？
- 这个虚拟形象是什么表情？

- 这个虚拟形象有多大？

- 这个虚拟形象的声音是什么样的？

- 这个虚拟形象还有没有其他特征？

- 这个虚拟形象让你的情绪产生了怎样的变化？

刻画完毕以后，给这个形象起一个名字。

然后，思索下面这个问题。

这个形象是什么时候在你心里生根发芽的呢？

是从你呱呱坠地就伴你左右，还是从外界跑进了你的心里？它挂在嘴边的那些话，是谁曾对你说过的吗？

思考时无须强求自己得到答案。但只要在实践过程中有所发现，就要点滴不漏地写下来。

有阴影就有光明，接下来你要想象另外一个形象，它永远值得你信赖，它理解你，温柔地陪伴你，无条件地给予你关爱。

它绝对不会否定你，而是想要成为你的后盾，帮助你减轻生活的艰辛。

你可以用纸笔细致入微地刻画这个形象。如果实在想象不出清晰的形象，可以简单罗列一些特征。

这个形象可以是人，可以是动物，可以是一团朦胧而虚无缥缈的东西，也可以是动漫当中的具体角色。

比如，星辰、参天大树等。同样要避免使用真实存在的人。

因为真实存在的人很难长久地百分百关爱你。（没有一个人能时时刻刻地关爱他人。）

在此基础上，继续刻画这个能够无条件百分百关爱你的形象。

Q 如何在心中刻画一个充满关爱的形象呢？

- 这个虚拟形象长什么模样？

- 这个虚拟形象是什么表情？

- 这个虚拟形象有多大？

- 这个虚拟形象的声音是什么样的？

- 这个虚拟形象还有没有其他特征？

- 这个虚拟形象让你的情绪产生了怎样的变化？

刻画完毕以后，给这个形象起一个名字。

然后，把触发心理困境的话语替换为关爱自己的话语。

在此之前，你可能会心生疑惑：能说出触发心理困境的话语的形象是怎么平白无故出现的呢？

在你看来，这个形象的存在一定有什么目的。比如，自我批判是为了严于律己，避免被别人指指点点，也是变相地激励自我，让自己行得端，走得正。

如果你觉得这个形象是出于善意才说出一些触发心理困境的话语，那么你可以对它说"谢谢你""我已经没事了"。

Q 思考哪些话语可以取代触发心理困境的话语。那个充满关爱的形象会怎么表达呢？

思考时，要考虑到"关爱自己"的三个要素。

❶ 关注此时此刻的自己

关注此时此刻的现实情况。不要忽视任何一件事，不要做是非评判，而是要客观地审视并接受现实——"眼下的情况很艰难""心里很焦虑""对方的话刺痛了我"。

❷ 善待自己

关爱自己，亲近自己。你应该像面对一个重要的人物那样温柔地同自己对话——"你很顽强地面对艰难困苦""会好起来的""今天先休息一下吧"。

❸ 感知自己与他人的联结

感知自己与自己、他人、社会的联结。时刻牢记人的本质是相同的——"放心吧，大家都陪着你""你并不孤单""任何人遇到这种事情都会闷闷不乐的"。

如果你想不出关爱的话语，那不妨转变一下视角。

你可以跳脱出来，以旁观者的身份来安慰一个与你有着相同处境，对你而言又非常重要的人，想办法缓解他的烦恼。这时，你很可能会说出一些与平时不一样的话语。

此外，如果你是那种习惯于自我否定的人，那充满关爱的话语可能会让你感到有些别扭。对此，你不必操之过急地对自己说那些积极向上的话语，而要选择自己容易接受的话语。

但是，你也要通过循序渐进地练习来帮助自己适应这种感觉，让心中关爱的萌芽茁壮成长。

一棵参天大树不需要每天浇水也能屹立不倒，而一株小苗但凡有一天缺少了水的滋养就很容易枯萎。

　　因此，实践伊始，关爱的话语要多多益善。

42 关注未能得到满足的需求

当你面对万分艰难的心理困境，陷入深深的自我否定和自责的时候，有没有想过是内心深处的需求没有得到满足呢？

在愤怒、焦虑等强烈的情绪背后往往潜藏着其他需求，而情绪爆发就是为了保护诸如被爱，被认可，被他人需要，成为有用之人等需求。

当你用强烈的情绪保护自身的时候，学会关注内心尚未得到满足的最深层次的需求，便能找到走出心理困境的具体的解决方法。

美国心理学家杰弗里·杨提出，人在童年时期，以下五种需求应该得到满足。

❶ 被爱和理解

❷ 出色的做事能力

❸ 表达自己的情绪

❹ 悠闲地享受

⑤ 自我控制

　　如果这些强烈的需求未能在童年时期得到满足，那么这种缺失将存在于人的内心深处，一直延续到长大成人。

　　只有关注内心深处的需求，才能明白怎样关爱自己。让我们把目光投向情绪背后的需求吧。

Q 在你内心深处有哪些未能得到满足的需求？（在现有条件下）这些需求能否从他人那里得到满足？

　　让他人满足自己的需求是一件非常困难的事情，况且也未必能够达到你所需求的层次。

　　既然这样，那为什么不试着让自己满足自己的需求呢？即使只能满足一部分、一点点，也很好。

Q 我们能否自己满足那些原本需要求助他人的需求呢？

　　为了满足自我需求，我们需要知道哪些话语能够激励自己。可以借鉴前文方法中介绍的"关爱的话语"。

　　比如，"你的努力我都看在眼里""我永远伴你左右""没有人比我更爱你"。

Q 为了满足你的需求，你需要采取哪些行动？思考一下现在的你能为自己做些什么？

Q 将本书内容应用于日常生活之后，你有了哪些进步？

Q 假定你是一个充满关爱之心的人，你的行为将会出现哪些变化？你又将怎样度过一天？

即使你感觉自己无法成为一个充满关爱之心的人，也要在脑海中接受这个重要的设定。

尽可能具体地设想自己从早到晚的生活细节，比如表情、声音、动作是什么样的，有哪些感受和思考，经常性地说些什么，做些什么。

我们每个人对于变化都会有抵触情绪。

抵触情绪又会进一步引发焦虑、恐慌等情绪，促使我们回避变化。这是人之常情。

然而，一味地逃避永远无法解决问题。逃避只会放大我们面对挑战时的不安和恐惧。

如果我们放弃了，失败了，也不要责怪自己，而要报之以关爱。

关爱的情绪能让自己获得内心的宁静和满足，让自己敢于迎难而上挑战变化。当然，做出改变也要根据当前的情况循序渐进，量力而行，切勿贪大求全，急于求成。

第一步最需要的就是勇气。有时，鼓足勇气告别以往的自己，才是真正意义上的关爱自己。

只有倾注心血，每天给心灵之树浇水，让心灵之树沐浴阳光，心灵之树才能茁壮成长。

总有一天，这棵树会长成一棵参天大树，时刻支持你，守护你，开出鲜艳的花朵，结出香甜的果实。

在我心中，也有这样一棵大树。

它就像我曾在尼泊尔蓝毗尼的庭院里见过的那棵高耸入云的菩提树。这棵高大挺秀的树，不知从何年何月开始，就一直守护、关爱着人们。

关爱自己，培育心灵之树，是贯穿我们一生的使命。

我的心灵之树每天都在成长。

你也开始培育自己的心灵之树吧。

结　语

　　主张关爱自己的自我关怀理念是如此朴实无华。如果将自我关怀应用于日常生活，它可以让我们随时随地聚焦自我，启发我们追求更加美好的生活。很多为心理困境而苦恼的人，包括我自己，都真切感受到了它的巨大作用。

　　心理困境是我毕生研究的课题。记得当初为了成为一名临床心理咨询师，我在研究生院申请书中写道："我想要帮助大家走出心理困境。"

　　早在学生时代，我是一个音乐爱好者，曾是音乐俱乐部的常客。相聚于此的人们，连我在内，无一不是面带愁容，仿佛在寻觅一处栖身之所。

　　后来，我进入音乐行业工作。这个世界虽然五彩缤纷，但无论是音乐人还是客人，似乎都身处人生的低谷。反差如此鲜明的世界令我深感迷茫，直到一位朋友离我而去，我终于下定决心考取研究生院学习临床心理学。

　　此后，我作为临床心理咨询师接触了不计其数的客户，还邂逅了划时代的疗愈方法，即自我关怀。

我由衷地希望本书能够让更多的人学会自我关怀，从而减轻心理困境带来的痛苦。

此次收到大和出版的编辑时君发来的出版邀约，我分外激动，没有片刻犹豫便应允下来。在此，我深表谢意，谢谢给我这样一个机会！

而且，这本书能够作为"多层迷走神经理论：安心的秘诀"系列图书之一出版，我也深感荣幸。非常感谢编辑时君以及大和出版的各位工作人员。另外，还要感谢支持我的亲朋好友、客户、猫咪"扫帚"、猫咪"哆哆"、音乐以及音乐人。谢谢你们！各位读者，我们有缘再会！

石上友梨

参 考 文 献

日文文献

［1］アルボムッレ・スマナサーラ，2018．慈悲の瞑想（フルバージョン）人生を開花させる慈しみ［M］．宮城：サンガ．

［2］エーリッヒ・フロム，1991．愛するということ［M］．鈴木晶，訳．東京：紀伊国屋書店．

［3］クリス・アイロン，エレイン・バーモント，2021．コンパッション・マインド・ワークブック［M］．石村郁夫，山藤奈穂子，訳．東京：金剛出版．

［4］クリスティン・ネフ，クリストファー・ガーマー，2019．マインドフル・セルフ・コンパッション ワークブック［M］．富田拓郎，監訳．東京：星和書店．

［5］クリスティン・ネフ，2014．セルフ・コンパッション：あるがままの自分を受け入れる［M］．石村郁夫，樫村正美，訳．東京：金剛出版．

［6］ジェフリー・E・ヤング，マジョリエ・E・ウェイ，ジャネット・S・クロスコ，2008．スキーマ療法：パーソナリティの問題に対する統合的認知行動療法アプローチ［M］．伊藤絵美，監訳．東京：金剛出版．

［7］ジョン・カバットジン，2007．マインドフルネスストレス低減法［M］．春木豊，訳．京都：北大路書房．

［8］ステファン・W・ポージェス，2018．ポリヴェーガル理論入門：　心身に変革をおこす「安全」と「絆」［M］．花丘ちぐさ，訳．東京：春秋社．

［9］ピーター・A・ラヴィーン，2016．身体に閉じ込められたトラウマ：ソマティック・エクスペリエンシングによる最新のトラウマ・ケア［M］．池島良子，西村もゆ子，福井義一他，訳．東京：星和書店．

［10］ベッセル・ヴァン・デア・コーク，2016．身体はトラウマを記録する脳・心・体のつながりと回復のための手法［M］．柴田裕之，訳．東京：紀伊国屋書店．

［11］リチャード・ミラー，2020．アイレスト・ヨガ・ニドラ深いリラクゼーションと癒しのための瞑想の実践［M］．フユコ・サワムラ・トヨタ，訳．東京：KulaScip．

[12] 石村郁夫, 2019. ストレスに動じない"最強の心"が手に入るセルフ・コンパッション [M]. 東京: 大和出版.

英文文献

[1] BLUTH K, 2017. The Self-Compassion Workbook for Teens: Mindfulness and Compassion Skills to Overcome Self-Criticism and Embrace Who You Are [M]. Oakland, CA. : New Harbinger Publications.

[2] BREINES J G, CHEN S, 2012. Self-compassion increases self-improvement motivation [J]. Personality and Social Psychology Bulletin, 38 (9): 1133-1143.

[3] DIEDRICH A, GRANT M, HOFMANN S G, et al, 2014. Self-compassion as an emotion regulation strategy in major depressive disorder [J]. Behaviour Research and Therapy, 58: 43-51.

[4] EMERSON D, 2015. Trauma-Sensitive Yoga in Therapy: Bringing the Body into Treatment [M]. New York: W. W. Norton & Company.

[5] NEFF K D, 2003. Self-compassion: An Alternative Conceptualization of a Healthy Attitude Toward Oneself [J]. Self and Identity, 2 (2): 85-101.

[6] NEFF K D, 2003. The development and validation of a scale to measure self-compassion [J]. Self and Identity, 2 (3): 223-250.